Chinois cueillant les fueilles,
et cuuant la liqueur de Thé.

LE BON USAGE

DU THE'

DU CAFFE'

ET

DU CHOCOLAT

POUR LA PRESERVATION

& pour la guerison des Maladies.

Par M^r DE BLEGNY, Conseiller, Medecin
Artiste ordinaire du Roy & de Monsieur,
& préposé par ordre de sa Majesté, à la
Recherche & Verification des nouvelles
découvertes de Medecine.

A PARIS,

Chez {
L'AUTEUR, au College des quatre Nations.
la Veuve D'HOURY, Quay des Augustins.
Et la Veuve NION, ruë des Mathurins.

M. DC. LXXXVII.

Avec Privilege du Roy.

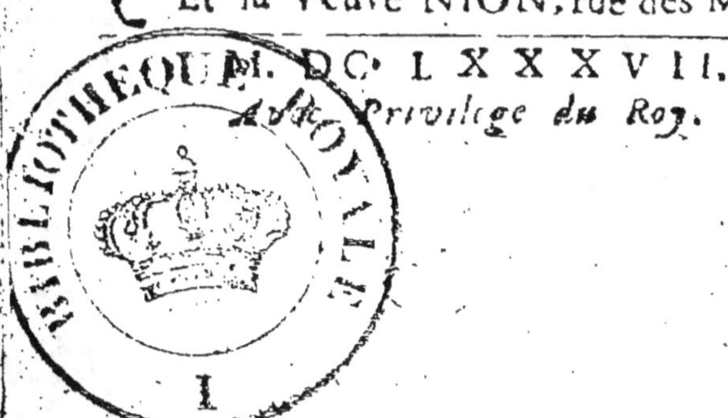

A MESSIEURS

LES DOCTEURS

en Medecine des Facultez Provincialles & Etrangeres, pratiquant à la Cour & à Paris.

ESSIEVRS,

    Aprés avoir ferieufement étudié vôtre excellente pratique, pendant un grand nombre d'années

EPITRE.

que je me suis attaché à vous suivre; aprés avoir tiré de vos ju-
dicieux avis _ & de vos doctes
instructions , toutes les lumiéres
dont javois besoin, pour meriter
l'honneur d'être en correspondance
avec vous; enfin aprés avoir pé-
netré les rares qualités qui vous
rendent venerables à toutes les
personnes de discernement, j'aurois
beaucoup à me reprocher, si je
n'avois pas recherché avec un
extréme empressement, l'occasion
de vous rendre un hommage assez
publique, pour faire connoître à
tout le monde à quel point je
vous honore, & combien je suis
sensible à la reconnoissance que
je vous dois.

    C'est dans cette vûë, MES-
SIEVRS, que j'ay assemblé
quelques parcelles de mes memoi-

EPITRE.

res, pour en former un corps d'ouvrage, & pour vous le confacrer
enfuite par une dedicace tres ref-
pectueufe : peut être que vous le
regarderez comme une production
informe qui a befoin d'être rectifiée dans toutes fes parties ; mais
peut être auffi que vous formerez
en même temps le deffein de travailler vous mêmes à cette rectification : trop heureux s'il en ar-
rivoit ainfi ! la feconde édition de
ce Livre me donneroit le plaifir
de voir paroître fous mon nom
un Ouvrage à l'épreuve de toutes
Cenfures, & contre lequel la plus
fevére Critique ne pourroit rien
oppofer.

Ce prejugé que je tiens infaillible, eft fondé fur de puiffantes
confiderations : en effêt vous cul-
tivez avec tant de foin les heu-

ã iij

reux talens que la nature vous
a départis, que ne pouvant avoir
de reserve pour vous, elle est con-
trainte (pour ainsi dire) de se découvrir nuë à vos yeux, de vous
rendre les confidens de ses plus
secrettes démarches, & de vous
faire les dépositaires de tout ce
qu'elle a de plus precieux; & comme vous êtes devenus par tous ces
avantages, les plus zelés & les plus
fermes partisans de la vérité, vous
avez eû le bonheur de vous attirer
une estime & une confiance si generale, que vous avez toûjours été
soûtenus par l'approbation des
grands, par les suffrages des sçavans, & par la voye du peuple,
contre toutes les attaques de vos
ennemis les plus cruels & les plus
injustes.

Aussi ont-ils eû dans tous les

temps le chagrin de vous voir
prosperer avec éclat, malgré toutes
leurs cabales & toutes leurs intri-
gues; car ça presque toûjours été
d'entre vous, que les Papes, les
Empereurs, les Rois, & les autres
Potentats de l'Europe ont tiré leurs
premiers Medecins, c'est cette feconde pepiniere qui en a encore
fourni presque generalement à tous
les Princes & Princeßes du sang
& des Cours étrangeres, aux
grands Seigneurs, & aux Camps,
Hôpitaux & armées du Roy: C'est
à cette Republique de litterature,
que le public doit tant d'Illustres
éleves & tant de Livres excellens;
enfin c'est de cette piscine salutaire
que les provinciaux & les étrangers malades, tirent un secours
qu'ils ne pourroient recouvrer
d'ailleurs, n'y ayant que vous seuls

qui connoißent leur constitution.

Mais pour ne parler que de l'état
present des choses, & sur tout
de celles qui sont si fort exposées
aux yeux de tout le monde, que
la malice de vos ennemis s'effor-
ceroit en vain de les cacher;
n'est-ce pas d'entre vous que le
Roy, Monsieur, Mademoiselle de
France, Mademoiselle d'Orleans,
& Madame de Guyse, ont tiré
les Medecins qui servent actuellement prés de leurs personnes,
dans la qualité de premiers, ou
dans celle d'ordinaires, & n'estes-
vous pas vous mémes ceux à qui
l'on a recours dans le public, pour
secourir les malades qui ont été
abandonnés, par ceux qui font
consister toute la Medecine en trois
ou quatre remedes, qu'ils prescri-

EPITRE.

vent si indifferemment & si dan-
gereusement en toutes occasions:
en un mot n'est ce pas par vos observations & par vos experiences, qu'on a fait tant de découvertes utiles dans l'Anatomie,
dans la Chymie, & generalement
dans toutes les parties de la Medecine, où l'erreur & la confu-
sion triomphoient, avant les im-
portantes reformations que vous
y avez faites.

Mais quels autres avantages
le public ne tireroit il point de
vôtre part, si l'envie ne s'opposoit
pas avec autant de passion que
d'injustice, à vos entrées dans
les lieux où elle a du credit, au
progrez de vos recherches, à l'Im-
pression de vos Livres, à vos
conferences publiques, & aux
exercices de charité que vous

EPITRE.

*pratiquez en faveur des pauvres :
certainement on verroit bien-tôt
la Medecine dans ce haut point
de perfection si desiré de tout le
monde, & si peu recherché de
tant de Medecins, qui par une
non-chalance punissable, se laif-
sent emporter au torrent des maximes d'usage, & qui par une
une barbarie odieuse, oublient ce
qu'ils doivent à Dieu au prochain
& à eux-mêmes, pour sacrifier à
leur avarice & à leur ambition,
ceux qui par une confiance aveu-
gle, s'abandonnent à leur fatale
& indiscrete pratique.*

*Mais pour ne pas entrer plus
avant dans ce parallele, & pour
ne point irriter des gens, dont les
atteintes sont toûjours aussi dan-
gereusement que malicieusement
premeditées, je dois rentrer dans*

mes premiers mouvemens, pour
vous aßûrer, que perſonne ne peut
être avec plus de veneration &
plus d'ardeur que moy,

MESSIEVRS,

Vôtre tres humble
& tres obeïſſant
Serviteur.

DE BLEGNY.

AVERTISSEMENT.

ANS les œu-
vres de nos
Voyageurs, on
trouve quelques Chapi-
tres qui traitent separé-
ment du Thé, du Caffé
& du Chocolat. Quel-
ques uns de nos Medecins
& de nos Simpliſtes,
ont emprunté de ces

Auteurs, les Relations & les Figures qu'ils avoient données sur ces Matiéres, y ajoûtant même quelques observations Medecinales; & Monsieur Sylvestre du Four Marchand à Lyon, se donna la peine il y a environ quinze années, de donner au Public une compilation de ces relations & de ces observations, qu'il vient de faire imprimer en seconde Edition, ce qui peut passer pour un ouvrage aſſez complet.

Il m'a ſemblé neanmoins que cette matiere n'étoit pas épuiſée, & que du moins elle devoit être examinée & expliquée plus Phyſiquement, c'eſt ce que je me ſuis propoſé de faire, & c'eſt ce qui m'oblige de donner cet eſſay au Public, qui n'eſt proprement que le projet d'une hiſtoire plus complete, à laquelle je ne pourray donner la derniere main, qu'aprés avoir reçû des Sçavans, la grace de me communiquer leurs obſervations.

Ce projet donc ne doit être conſideré, que comme une ſimple expoſition des principes, ſur leſquels je travailleray plus ſe-rieuſement dans un autre temps ; mais qui ne laiſ-ſera pas d'avoir des-à-preſent ſes utilités, puis qu'aprés avoir donné une idée aſſez diſtincte de la nature des choſes qui en font le ſujet, je paſſe juſ-

qu'au bon ufage qu'on
en doit faire, pour con-
ferver la fanté lors qu'on
la poffede, & pour la re-
parer lors qu'on a eu le
malheur de la perdre. Au
furplus on trouvera auffi
dans cet opufcule diver-
fes utencilles & commo-
ditez de nouvelle inven-
tion, qui fatisferont ap-
paremment la curiofité
des Lecteurs,

AVIS.

L'AUTEUR ne craint pas d'avertir, qu'il travaille actuellement à l'hiſtoire natu-relle du Tabac, car quand il ſeroit prévenu ſur cet article, il auroit toûjours dequoy en-cherir ſur tout ce qu'on en pourra dire, auſſi bien que ſur ce qu'en a déja dit Monſieur de Prade, ayant en main des ob-ſervations & des experiences, qui luy ſont abſolument par-ticulieres. Cependant il prie les Curieux de luy communi-quer celles qu'ils peuvent avoir faites ſur cette matiere, ſaçhant bien qu'un ſeul hom-me ne peut pas tout obſerver ſur quelque ſujet que ce ſoit.

APPROBATION

de Monsieur Falconnet, Conseiller Medecin ordinaire du Roy, Doyen du Colluge des Medecins, & ancien Eschevin de la Ville de Lion.

LEs Ouvrages de Monfieur DE BLEGNY, ayant eu toute l'eftime & toute l'approbation qu'il en pouvoit attendre, il n'en doit pas moins efperer du Livre qu'il a compofé fur l'Ufage du Thé, du Caffé & du Chocolat, & ayant

eû ordre de Monseigneur
le Chancelier de l'examiner,
Nous l'avons approuvé &
nous l'avons jugé neceſſaire
au public, qui tirera ſans
doute beaucoup d'utilité,
des nouvelles & curieuſes
recherches qui s'y rencontrent, cét Auteur ayant dé-
couvert avec beaucoup d'eſprit & de clarté, pluſieurs
particularités également im-
portantes pour la ſanté,
& agréables pour l'uſage.
Donne' à Lion, le 18.
Juin 1686.

Signé, FALCONNET.

primeurs, & autres, d'Im-
primer, faire Imprimer vendre & distribuër ledit Livre,
sous quelque pretexte que
ce soit, même d'impreſſion
étrangere & autrement, ſans
le conſentement dudit ex-
poſant, ou de ſes ayant cau-
ſes, ſur peine de confiſca-
tion des exemplaires con-
trefaits, mil livres d'a-
mandes, dépens, domma-
ges & interêts, ainſi qu'il
eſt plus amplement porté
par les Lettres de Privilége.

Regiſtré ſur le Livre de la
Communauté des Libraires &

Imprimeurs de Paris, le 30. Iuillet 1686. ſuivant l'Arreſt du Parlement du 8. Avril 1653. & celuy du Conſeil privé du Roy du 27. Février 1665. Signé,

ANGOT, Sindic.

Ledit Sieur AMAULRY, a cedé & tranſporté le ſuſdit Privilége audit Sʳ DE BLEGNY pour en joüir ſuivant l'accord fait entr'eux.

Imprimé aux dépens de l'Auteur.

Achevé d'imprimer pour la premiere fois le 1. Decembre 1686.

LE

LE BON USAGE
DU THE', DU CAFFE'
ET
DU CHOCOLAT.

PREMIERE PARTIE

Traitant de la Nature, des proprietés & de l'usage du Thé.

CHAPITRE I.

De la forme exterieure du Thé, des lieux où on le cultive, & de ses differentes dénominations.

O N donne ici le nom de Thé, à une petite feüille desseichée qu'on nous apporte des Indes Orientales, & en

A

core à la teinture de cette
feüille, dont on fait une boiffon affés agreable par l'addition du fucre. Quelques Auteurs comparent cette feüille
à celle du Sumach dont ils veulent que ce foit une efpéce;
mais comme on fçait que la
plante qui la produit n'eft
qu'un arbriffeau, quelques autres l'ont côparée avec plus de
raifon au Piment Royal, qu'on
nomme en latin *Chamæleagnus*
où *Myrtus Brabantica*; puifque
les fleurs de cét arbriffeau font
dentelées, amêres, & odorantes comme celles du Thé; je ne
voudrois pas dire neanmoins
que c'en foit une efpéce, mais
je ne voudrois pas auffi conclure avec Monfieur du Four,
qu'il doit être neceffairement

d'une nature differente , par
cette feule raifon qu'on le fait
entrer dans la biére qui eny-
vre, & qu'au contraire une des
proprietés plus effentielles du
Thé eft de des-enyvrer ; car
pour détruire l'objection de
Monfieur du Four, c'eft affés
de dire qu'étant en Angleterre , j'ay pris plaifir a faire faire
de la Biére feulement avec de
l'Orge & du Thé, qui étoit à
la verité infiniment plus agréables que celle qu'on prepare en
Flandres avec le piment Royal,
mais qui avec cette delicateffe
de goût, ne laiffoit pas d'eny-
vrer plus puiffamment.

En effet fi Monfieur du Four
eût propofé cet objection à des
Phificiens avant que de la publier , il auroit apris qu'elle

peut d'autant moins subsister,
qu'entre une simple infusion
& une liqueur fermentée, il y a
cette difference, que l'infusion
retient toûjours les qualités
des ingrediens qui luy servent
de matiere, & qu'au contraire
une liqueur ne sçauroit soûtenir la fermentation, sans devenir differente de ce qu'elle
étoit auparavant ; mais aprés
tout, ces comparaisons de plantes me paroissent d'autant plus
inutiles, qu'entre certaines espéces de nos plantes que nous
raportons a un même genre, &
que nous comprenons sous un
même nom, il y a de notables
differences dans leurs proprietez ; tellement que quand
il seroit vray que nous aurions
ici une sorte de Thé, il seroit

d'autant plus different de celuy qu'on nous apporte des
Indes, qu'outre la diffe-
rence qui se trouveroit dans
les espéces par rapport à la
forme, il y auroit encore celle
qui doit necessairement resul-
ter de la diversité des climats :
c'est pourquoy je ne m'arre-
steray pas à rapporter icy, ce
qui a fait croire à quelques
Auteurs qu'on pouvoit encore
prendre pour des espéces de
Thé, la Betoine & quelqu'autres plantes qui ont les feüilles
dentelées, leurs reflexions
n'étant à mon sens d'aucune
consideration.

Mais je ne dois pas me dispenser, de marquer les differences qui se trouvent dans le
Thé même, que nos negocians

tirent du Japon & de la Chine,
car celui que les Japonnois cul-
tivent & qu'ils nomment *cha*
ou *tcha* ou encore *tcha* eſt
d'un verd clair & jáunâtre,
& d'une odeur ſi douce qu'elle
tire en quelque ſorte à celle
de la violette, ce qui fait que
ceux même d'entre eux qui
le négocient avec les Chinois,
le nomment aſſés ordinaire-
mens fleurs de *cha* ou *tcha im-*
perial ; c'eſt ſans doute par
cette raiſon & à cauſe de ſa
cherté exceſſive, que Monſieur Tavernier a penſé, que
cette eſpéce de Thé étoit veritablement de pures fleurs dé-
feichées, mais c'eſt un fait ſur
lequel je me ſuis éclairci étant
à Londres, avec pluſieurs
Marchands Hollandois qui

pratiquent le commerce du
Thé, & qui ont fait plusieurs
fois le voyage des Indes Orientales, ayant appris d'eux que
les Chinois & les Japonnois
font tant d'état de nôtre saul-
ge, & des autres denrées qui
leurs viennent de l'Europe,
que pour les avoir par échan-
ge, il presentent toûjours à nos
Marchands tous ce qu'ils ont
de plus exquis, & que cependant il ne leurs ont jamais pre-
senté de ces pretenduës fleurs
de Thé.

Ce n'est pas que l'arbrisseau
qui produit les feüilles de
Thé, ne produise aussi une
sorte de fleur jaunâtre, & à ce
qu'on croit semblable à celle
du sumach, mais il est certain
que cette fleur n'a jamais été
A iiij

negotiée , & il est probable
d'ailleurs qu'elle ne rendroit
pas une teinture verte , ou
que du moins le verd de cette
teinture, seroit plus clair & plus
jaunâtre que celuy de la teinture que donne le Thé de la
Chine , ce qui s'accorderoit
encore moins avec les sentimens de Monsieur Tavernier,
qui nous a voulu faire entendre que la fleur de *cha,* don-
noit plus de verd a sa teinture que le Thé dont on use à
la Chine.

Mais quoy que ce qu'on
nomme fleurs de *cha,* ne soit
veritablement que la feüille
du plus fin Thé du Japon,
il est certain que sa teinture
est infiniment plus agreable
que celle du meilleur Thé de

la Chine , & qu'aussi il se vend comme dit Monsieur Tavernier à un si haut prix dans le pays même , qu'il y a liéu de croire que nos Marchands ne s'en chargeroient pas , s'ils étoient obligés de l'achepter au comptant ; mais il est certain que par leurs échanges ils en ont du plus excellent qui leur coûte assés peu , pour le donner icy a beaucoup meilleur marché que les Marchands mêmes du Japon , & pour faire neanmoins un gain tres-considerable dans ce commerce.

Pour revenir maintenant à la distinction que je veux établir , je dois faire remarquer que le Thé de la Chine a ses feüilles plus grandes ,

d'un verd plus brun, & d'une
odeur beaucoup moins agréable que le *cha* du Japon, auſſi
la teinture de ce Thé eſt-elle
plus verte & beaucoup moins
plaiſante, en ſorte même que
l'infuſion du plus commun, a
un goût qui approche en quelque ſorte de celle du ſené.
A tout prendre, il y a neanmoins aſſés de rapport entre
l'arbriſſeau qui produit le *cha*
du Japon, & celuy qui fournit
le Thé de la Chine, pour s'en
faire une idée ſuffiſante par
l'inſpection de la figure qui eſt
à la page qui ſuit.

pag. 4.

Chinois cueillant les fueilles
et buuant la liqueur de Thé.

L'Autheur des Ambaffades de la Chine, dit que cét arbriffeau eft à peu prés de la hauteur de nos rofiers & de nos grofeliers, que fa femence qui eft noirâtre étant jettée en terre, produit dans l'efpace de trois ans, des plantes qui font de rapport, & dont on cuëille au printemps les premieres & les plus tendres feüilles, qui font longuettes, pointuës & dentelées, qui fe deffeichent & qui s'apelotonent feparement, en les faifant chauffer à petit feu dans un vaiffeau propre à cet effet, & les envelopant enfuite dans un matelas de la plus fine toile de coton, avec lequel il les remuent & les agitent d'une façon propre à les ployer & a les

entortiller, les faifant chauffer, les envelopant & les
remuant autant de fois qu'il
eft neceffaire, pour être bien
deffeichées & bien entortil-
lées, ce qui les rend propres
au commerce, pour lequel on
les conferve dans des vafes
d'Etain, qu'on bouche &
qu'on fcele tres-exactement.

Si l'on en croit cét Auteur
on pourroit efperer de cultiver
cét arbriffeau, dans les endroits de l'Europe où l'hyver
fe fait confiderablement ref-
fentir : car il affûre que la neige ny la gelée ne peuvent point
empêcher qu'on n'en faffe tous
les ans une copieufe recolte ;
c'eft pourquoy ayant formé
le deffein d'en faire l'effay,
je priay tres-inftamment un

Marchand qui devoit faire
voile aux Indes l'année derniere, de m'apporter de cette
graine noirâtre conservée avec
toute la precaution possible,
ce qu'il me promit de faire
sous l'esperance de la recompense que je luy proposay ; s'il
me tient parole je suivray
mon dessein , & je feray part
au public de tout qu'il y aura
de remarquable dans cette
épreuve , dont le succés est
cependant d'autant moins assûré , que plusieurs Auteurs
assûrent que le *cha* du Japon
& le Thé des Indes, ne se cul-
tivent pas à beaucoup prés
dans toute l'étenduë de ces
deux grands pays ; mais seulement dans quelqu'unes de
leurs provinces. Il semble

neanmoins par les obfervations medecinales de Tulpius
Medecin Hollandois, qu'on
en cultive auffi depuis quelques temps dans le Royaume
de Siam, c'eft furquoy nous
pourons avoir quelques éclair-
ciffemens par les Ambaffa-
deurs qui en font partys, & qui
fe doivent rendre inceffament
auprés du Roy, pour compli-
menter & pour faire de riches
prefens à fa Majefté de la part
de leur Souverain, qui a déja
marqué avec tant d'éclat par
des Ambaffades precedentes,
l'extrême veneration qu'il a,
pour les heroïques vertus de
nôtre incomparable Monar-
que.

CHAPITRE II.

*Du choix & des differens prix
du Thé.*

LA diftinction qu'on a dû
faire dans le chapitre precedent, entre le Thé du Japon
& celuy de la Chine, ne doit
pas faire croire que quand il
s'agit de choifir du Thé en
Europe , on doive fe mettre
fort en peine , des lieux d'où
les Marchands ont tiré leur
differentes efpéces de Thé ,
non feulement parce que celuy du Japon fe tranfporte
fouvent à la Chine, & que re-
ciproquement celuy de la Chine eft affés ordinairement en-
voyé au Japon , mais encore

par

par cette raison plus essentielle, que le moindre Thé du Japon, ne vaut pas à beaucoup prés le meilleur Thé de la Chine, qui n'est inferieur qu'à cét excellent Thé du Japon, qu'on celebre & qu'on distingue de tout autre par le nom de fleurs de *cha*, comme on appelle fleurs de Rhetorique les plus elegantes & les plus excellentes façons de parler; c'est pourquoy on observera assés de precaution dans le choix du Thé, lors qu'on s'attachera à distinguer ses degrés de bonté par les obser-vations qui suivent.

Le meilleur & le plus excel-lent Thé, a la plûpart de ses feüilles petites & delicates. Si on les observe peu aprés

B

qu'elles se sont dilatées dans
l'eau chaude, on verra qu'elles auront repris leur premiere verdeur, & aprés une infusion suffisante, on trouvera
qu'elles auront donné a l'eau
une teinture d'un jaune clair
& verdâtre, d'un gout & d'u-
ne odeur si agreable, qu'il
semble que la violette & l'ambre même y ayent quelque
part, ce qu'on apperçoit encore lors même qu'on approche ses feüilles du nés, ou
qu'on les mâche avant que
d'avoir été mises en infusion,
n'ayant qu'une mediocre amertume & qu'une legere astriction.

Au contraire le plus mé-
chant Thé, a ses feüilles considerablement plus grandes &

plus épaisses , & qui demeu-
rent d'un brun enfoncé. Aprés
même qu'elles se font dilatées
dans l'eau chaude , elles n'ont
presque point d'odeur, & l'on
découvre par la langue qu'elles ont beaucoup d'amertume
& d'astriction. Elles rendent
une teinture rousse qui est
d'autant plus désagreable à
l'odorat & au goût, qu'elle
approche en quelque sorte de
celle du sené, & qu'une forte
dose de sucre ne la sçauroit
corriger.

Aprés ces remarques qui
distinguent tres-précisement le
plus excellent Thé du plus
commun , on n'aura pas de
peine à reconnoistre les differens degrés de mediocrité, qui
se peuvent rencontrer dans

toutes les autres espéces de
Thé, qui ne peuvent être
differentes ny entre-elles n'y
par rapport au deux espéces
qui viennent d'être designées,
que dans le plus ou le moins
des bonnes ou des méchantes
qualités de ces espéces, ce
qui établit toutes les differences qu'on peut trouver
dans les divers prix du Thé.

Ces differences sont d'autant plus considerables, que
Mr. Tavernier nous assûre, que
la fleur de *cha* se vend jusques
à cinq cens francs la livre
dans le Japon même, & qu'on
sçait neanmoins qu'on en trouve de la Chine à cinq ou six
francs, cepédant il est du moins
certain que les Chinois même
achettent assés ordinairement

cette fleur de *cha* des Marchands du Japon, jufques à cent, cent cinquante & deux cens francs la livre, & c'eft ce qui authorife nos Marchands a la vendre icy à peu prés fur le même pied , quoy qu'ils la pouroient donner à beaucoup meilleur marché, les Japonnois & les Chinois mêmes, l'échangeant toûjours volontiers poid pour poid, & quelquefois encore plus advantageufement , contre les feüilles de nôtre faulge, en laquelle ils trouvent de tres-grandes vertus. Pour ce qui eft du Thé commun ils en ont ordinairement cent livres pour dix livres de faulge , & c'eft pour cela qu'en le donnant en gros à fix francs la livre , ils ne

laissent pas d'y gagner beaucoup.

Ordinairement il ne se chargent que de ces deux espéces
de Thé ; mais ils en font ensuite par un mélange differend, un grand nombre d'autres espéces, selon qu'ils ajoûtent au Thé commun plus ou
moins de fleurs de *cha* : & c'est
d'où vient qu'outre les prix
qui viennent d'être marqués,
on trouve encore du Thé à 10,
20, 30, 40, 50, 60, & 80.
francs la livre.

C'est encore par cette raison, qu'on trouve tant de
differences dans la grandeur,
& dans la consistance des feüilles d'une même sorte de Thé,
mais il est vray neanmoins que
souvent les trompeurs ont

grand-part à cette difference,
en ajoûtant au vray Thé les
feüilles dentelées de plufieurs
de nos plantes ; en quoy il
paroît qu'on ne fçauroit
prendre trop de precaution
lors qu'il s'agit de choifir le
Thé. Cependant il eft à remarquer que cette precaution
ne doit pas toûjours s'étendre, jufques à refufer les parcelles menuës du bon Thé ;
car il eft affés ordinaire, que
les plus delicates feüilles du
Thé fe brifent de la forte, lors
qu'il eft remué par ceux qui
le chargent.

On doit encore obferver que
fouvent le plus excellent Thé,
c'eft à dire celuy même qu'on
nomme fleurs de *cha*, degenere
en Thé commun, pour avoir

êté trop long-temps gardé ou mal conservé, car dans cét état, encore que ses feüilles ayent conservé leur propre forme ; son goût, son odeur & ses vertus se trouvent aneantiës , par la dissipation de ses parties subtiles & spiritueuses.

CHAPITRE III.

De la nature particuliere du Thé.

ENtre les qualités sensibles du Thé, son amertume & son astriction étant les plus considerables , je ne puis me dispenser de rapporter en premier lieu, les observations que j'ay dêja publiées dans mon livre du remede Anglois, & qui expliquent en general la nature

ture des drogues ameres, voicy donc a quoy se reduisent
ces observations. Les élemens
des corps mixtes sont les corpuscules acides, liquides, ignées, étherés & terreftres.
Entre ces corpuscules, il n'y a
que les acides qui soient en
droit de piquer la langue, & il
est certain que tous les amers
la penêtre, en sorte qu'ils y
font vivement ressentir leur
action ; il faut donc conclure
que les acides font tres do-
minans dans tous les mixtes
qui ont de l'amertume.

Il faut observer maintenant,
que les acides meslés avec
beaucoup de corpuscules liquides, ne font que des liqueurs piquantes & dissoluan-
tes, comme les esprits de sel, de

C

vitriol, d'alun &c. que joins a
des corpuscules ignées, ils ne
font que des caustiques comme le sublimé corrosif, l'esprit
de nitre, les pierres à cauter-
res &c. qu'intimement unis
avec des particules sulphurées
& oleagineuses, ils ne font
que des mixtes fort doux comme le miel le sucre &c. Il s'ensuit qu'il n'y a que les corpuscules terrestres, qui meslés &
incorporés avec eux en quantité proportionnelle, puissent
faire la saveur amere ; & en
effet plus dans un sel il y a
de terre plus il y a d'amertume, & au contraire plus il est
depuré moins il est amer; c'est
ainsi que le sel marin dissous
a l'humide & ensuite filtré par
le papier gris, n'a plus d'autre

faveur que celle d'un efprit
acide, quoyqu'avant cette dif-
folution & cette filtration, il
fût confiderablement amer.

Or comme entre les élemens
que j'ay nommez, l'acide eft le
plus pefant & par confequent le
plus froid, & que fi le terreftre
a moins de péfanteur que luy,
& même que le liquide, il en a
plus auffi que l'Ignée & que
l'etheré, on peut dire qu'il eft
temperé, c'eft à dire d'une
qualité mediocre entre les
extremes, & qu'ainfi étant avec
l'acide prédominant dans un
mixte, il ne fe peut que le
mixte ne foit rafraîchiffant,
ou au moins fort propre à conferver la jufte temperature de
nôtre corps.

Mais parce qu'il n'y a point

d'amers simplement composés de corpuscules acides & terrestres, & qu'il en est dans lesquels ou les ignées ou les liquides entrent dans une quantité considerable, il en est aussi qui sont plus ou moins amers & même plus ou moins rafraîchissans & temperans. Or la seichresse du Thé, nous fait comprendre qu'entre ses parties élémentaires, il n'y a presque point de corpuscules étherés n'y encore moins de liquides : pour ce qui est de son odeur elle nous découvre qu'il contient en soy des particules ignées volatiles & spitueuses, mais la douceur & la delicatesse de cette odeur, nous persuade en même temps que ces particules n'y sont que dans une médiocre quantité.

Ces choses présupposées, il seroit bien facile d'expliquer la nature particuliére du Thé, & les propriétés qui en dependent, car ayant pour parties surabondantes les acides, dont le propre est de coaguler les liqueurs plus substantielles comme le sang le lait &c. & encore les alkalis ou corpuscules terrestres, qui en absorbant l'humidité & l'onctuosité qui relâchent les parties solides, resserrent & fortifient ces parties, il est de necessité que cette feüille soit considérablement stiptique & astringente. Si on conclut aprés cela qu'ayant aussi des particules ignées volatiles & spiritueuses, dans une quantité assés consi-

dérable pour fe faire apercé-
voir par l'odorat, il doit neceffairement reparer les efprits
& reftituer les forces perduës,
on aura pris une Idée auffi
jufte que generalle de la nature & des propriétés du Thé,
ce qui doit fuffire dans ce chapitre, où je ne pourois entrer
dans le detail de fes propriétés
particulieres, fans m'engager
à faire dans les chapitres fui-
vans une ennuieufe repetition.

CHAPITRE IV.

Des differentes manieres de pren-
dre le Thé.

Avant que de parler des
vertus particulieres du
Thé, j'ay dû m'expliquer fur

ſes propriétés generales, & tout de même avant que de traiter de l'uſage qu'on en doit faire dans les occaſions particulie-res, je dois établir en general les differentes manieres d'en uſer,

Ces manieres ſont bien plus nombreuſes que bien des gens ne l'auroient pû penſer ; car outre l'habitude commune de le prendre en teinture, on pêut auſſi uſer avec ſuccés de ſon eau diſtillée, de ſes ſels, de ſes ſirops, de ſa conſerve, de ſon extrait & de ſa fumée même.

Sa Teinture & ſon infuſion c'eſt la même choſe. C'eſt cette boiſſon que tout le mon-de connoît & qui eſt gene-ralement nommée Thé, auſſi bien que la feüille dont elle eſt tirée. Sa preparation eſt tres-

facile, il suffit de faire boüillir
dans un vaisseau propre à cét
effet, autant d'eau qu'on veut
avoir de teinture, & de la tirer
du feu quand elle boult, pour
y jetter les feüilles de Thé en
quantité proportionelle, cou-
vrant ensuite le vaisseau , &
laissant ainsi le Thé en infusion
durant la troisiéme partie d'un
quart-d'heure, pendant lequel
temps les feüilles de Thé s'af-
faissent au fond du vaisseau à
mesure que l'eau en extrait la
teinture , en sorte qu'elle se
trouve entierement precipitée,
lors qu'il s'agit de verser la liqueur dans les tasses, chiques
ou gobelets qui servent à la
boire.

La forme des vaisseaux à
faire le Thé, est aussi diverse

qu'elle eſt indifferente, car il
ſuffit qu'ils ſoient propres à
reſiſter au feu, & que leurs embouchures ſoient fermées par
un couvercle bien juſte, c'eſt
pourquoy outre que toutes les
ſortes de caffetieres & de chocolatieres peuvent être em-
ployées à cét uſage, on voit
aux Indes & en Europe des
pots particulierement deſtinés
au Thé, dans la matiere & dans
la forme deſquels il ſe trouve
une notable difference, c'eſt
ce qu'on connoîtra mieux par
la figure que j'ay fait repre-
ſenter icy, où l'on trouvera
les formes qu'on donnent aux
pots d'Argent, d'Etain ou de
terre de la Chine.

Pots a preparer le Thé.

La matiere & la forme des tasses à boire le Thé est pareillement diverse & indifferente ; neanmoins aux Indes & en Europe, il est assés ordinaire de preferer aux tasses ou gobelets d'Argent ou de quelque autre metal que ce soit, les chiques de porcelaines ou de fayance, par cette raison que leur bords ne brulent jamais les doigts, & que la façon de tenir ces chiques passe pour une espéce de bienseance. Ceux de qui cette façon est ignorée la trouveront representée à la premiere figure de ce traité.

Je ne dois pas ômettre de dire que la teinture de Thé doit être buë fort chaude, & même pendant sa premiere

chaleur, car lors qu'elle a été
refroidie & ensuite rechauffée,
elle est aussi désagreable qu'i-
nutile , tout de même que
celle qu'on tire en deuxiéme
lieu, des feüilles dont on a déja
tiré la premiere teinture, qui ne
peuvent servir dans cét état
qu'à l'extraction de son sel
fixe ; c'est pourquoy ceux qui
font assez œconome pour ne
vouloir rien perdre de leur
Thé , & qui ne veullent pas
s'attacher à l'extraction de son
sel , feront mieux de suivre la
maxime de quelque Japon-
nois, qui reduisent le Thé en
poudre si subtile , qu'étant mis
dans l'eau boüillante , il s'in-
corpore avec elle, en sorte que
ce mélange ne semble faire
qu'une simple teinture , qui

n'eſt n'y plus chargée n'y plus déſagreable, que celle qui ſe fait par infuſion , ce qui eſt d'autant plus œconomique, que le Thé s'y met dans une quantité trois fois moindre, que celle de celuy qu'on fait ſimplement infuſer.

Pour revenir maintenant aux proportions qu'on doit garder, lors qu'on prépare la teinture ordinaire du Thé, on ſçait qu'elle doit être diffe-rente, ſelon qu'on veut cette teinture plus ou moins char-gée, mais à mon égard com-me je ſçay par experience qu'elle ne le doit être que fort médiocrement pour être auſſi ſalubre qu'agreable , je tiens que ſur quatre grandes taſſes d'eau, qui pouroient faire environ six moyennes chiques de boisson , on ne doit mettre au plus qu'une dragme de Thé, & à proportion pour une moindre quantité de Teinture.

Il est assés ordinaire à ceux qui ne craignent pas l'amertume de boire cette teinture sans addition, pretendant par cét usage la rendre plus efficace, & j'ay observé qu'en effet elle a beaucoup plus d'astriction : mais c'est un excés qui fait des altérations nuisibles & que je ne saurois approuver ; je suis donc en cela pour l'usage plus ordinaire, qui veut que dans une mediocre tasse de boisson , on ajoûte une bonne pinsée de sucre en poudre , & pour encherir même sur cét usage, j'ay insinué a

bien des gens, l'habitude de
substituer au sucre les sirops
dont il sera parlé cy aprés.

Quoyque l'usage de l'eau
distillée de Thé, soit d'autant
plus rare, que je crois être le
seul Medecin qui l'aye mise en
pratique, elle ne laisse pas d'a-
voir des propriétés admirables, tant par rapport au vertus du Thé qui en fait la principale matiere, qu'à cause de
l'ambre & du Cardamome que
j'y fais ajoûter, & qui la rendent cordiale & digestive.

Quand à ce qui concerne les
sels de Thé, la Medecine ne
nous-en fournit point de plus
generalement utiles, puisqu'ils
sont également efficaces pour
lever les obstructions, pour
dissoudre les humeurs coagu-

lées , pour amortir les levains,
& pour abaisser les vapeurs
contre nature. Ces sels sont
au nombre de deux, sçavoir
l'essentiel & le fixe ; je donneray bien-tost la maniere d'extraire le premier, en publiant
dans le Journal de Medecine,
le secret de tirer les sels essentiels de toutes espéces de plantes seches , & à l'égard du
deuxiéme, je le fais preparer
comme tous les autres sels
fixes ; c'est à dire par incineration, l'exivation, filtration,
évaporation , & coagulation,
& pour œconomiser sur cét
article, je fais rechercher dans
tous les Caffez de Londres, le
Thé dont on a tiré la teinture,
qui ne coûte presque rien à
mes correspondans, & qui ne
laisse

laisse pas d'être aussi propre à l'extraction du sel fixe, que celuy qui n'auroit pas encore servy.

Pour ce qui est des sirops de Thé de mon invention, je les distingue en sirop simple, & sirop Febrifuge; le simple est preparé avec la teinture du Thé ambrée, & le febrifuge avec les sels dont il vient d'être parlé, & encore avec ceux que je fais extraire du Caffé, & du cacao; il sera parlé en d'autres endroits de l'usage qu'on doit faire de ces sirops.

Pour ce qui est de la conserve de Thé, elle est en forme de tablettes qui se composent avec le sucre fin ambré, & les feüilles de Thé reduites en poudre impalpable; on les

D

peut manger telles qu'elles
sont avec plaisir, où en faire
sur le champ une fort agréable
boisson, en les dissoluant dans
l'eau boüillante, où il ne faut
ajoûter n'y sucre n'y sirop, ce
qui fait une espéce de teinture
beaucoup plus cordiale que la
teinture commune.

Je diray peu de chose en cét
endroit de l'extrait de Thé,
qui n'est que le residu de l'e-
vaporation d'une bonne quantité de sa teinture, mais qui ne
laisse pas que d'avoir des utilités comme il sera dit cy-aprés.

Reste a parler de la fumée
de Thé, que plusieurs prennent plaisir à recevoir par la
bouche comme on fait celle du
Tabac, aprés avoir allumé les
feüilles de Thé dans l'embou-

chure d'une pipe, ce qui fortifie le cerveau autant que le
tabac l'affoiblit.

CHAPITRE V.

Des vertus particulieres du Thé.

APrés avoir expliqué la
nature du Thé, & avoir
donné une idée generale de
ses proprietés, je dois maintenant appliquer ces observations generales, aux effets particuliers qui resultent de son
action ; & comme entre ces
effets le plus considerable &
le plus universellement connu,
est celuy de rendre supportables, les veilles que la nature ne
pouroit soûtenir sans accable-
ment ; il est juste que je commence par l'explication de ce

phœnomene. Pour le mettre dans toute l'evidence qu'on peut souhaitter ; Il est-a-propos de rapporter icy, les observations que j'ay communiquées au public sur les causes de la veille & du sommeil, dans l'histoire naturelle de l'opium, qui a été ajoutée à la discription du remede Anglois; voicy comment je m'en suis expliqué.

L'état de l'homme qu'on nomme veille, & dans lequel le corps est capable de toutes les fonctions qui dependent de la volonté, ne subsiste que par un écoulement continuel des esprits animaux dans tous les nerfs, & par consequent dans ceux qui constituent les organes des sens, si bien que

la diffipation de ces mêmes
efprits, & tout empêchement
formé à leur paffage, font les
caufes du fommeil , qu'on
peut définir, une difpofition en
laquelle les fens exterieurs
font affoupis, au point d'ê-
tre incapables des perceptions
qu'ils donnent a l'ame , & en
laquelle toutes les autres parties du corps font affoiblies, re-
lâchées, & impropres à toutes
les actions volontaires aufquelles la nature les a de-
ftinées : car le fommeil eft toûjours imparfait en ceux qui
ont les yeux ouverts, qui mar-
chent , ou qui font toutes autres fortes de fonctions en dor-
mant, qui femblent être dependantes de la volonté , puifqu'elles fuppofent le gonfle-

ment, la force, en un mot le mouvement des nerfs, qu'on ne peut raporter qu'à celuy des esprits dont ils sont alors enetrés & occupés.

Cela supposé, il ne sera pas difficile de comprendre, pourquoy on s'endort naturellement aprés un rude travail ou aprés une longue veille ; car comme ces deux choses dissipent beaucoup d'esprits, il s'en trouve a la fin une trop petite quantité pour remplir tous les nerfs, pour soutenir le corps, & pour le rendre propre à la sensation & au mouvement ; de telle sorte qu'il demeure comme nécessairement immobile & insensible, jusqu'à ce que le sang depuré & subtilisé par une nouvelle circulation,

aye depofé dans le cerveau
une quantité d'efprits équivalente, à celle de la diffipation
qui devoit être reparée.

On peut expliquer avec la
même facilité, l'affoupiffement
qui eft fi ordinaire pendant la
digeftion des alimens ; car
comme elle ne fe peut faire
fans qu'il en refulte des vapeurs qui montent au cerveau,
qui embaraffent les efprits, &
qui font une efpéce d'obftru-
ction aux embouchures des
nerfs, ce n'eft pas merveille
fi les extremités du corps de-
meurent languides, foibles &
affoupiës, puifqu'elles ne peuvent être robuftes & propres
à leurs fonctions, fi l'influence
des efprits vers elles, n'eft continuelle & abondante.

Si aprés ces observations, on reflechit sur ce que j'ay dit de la nature du Thé, on comprendra tres-facilement comment il peut empêcher le sommeil & rendre la veille su-portable, car son amertume le rendant fixatif & astringent, il doit en amortissant les le-vains contre nature, & en re-serrant l'orifice superieur de l'estomach interrompre l'ele-vation de toutes les sortes de vapeurs grossieres, qui pour-roient embarasser les esprits & obstruer les nerfs, & ayant d'ailleurs beaucoup de parties tres-volatiles & spiritueuses, il doit promptement reparer les esprits animaux, qui ont été dissipés par le travail & par la veille, & causer par conse-

quent

quent une nouvelle influence
de ces efprits dans le nerfs qui
reftituent à toutes les parties,
la puiffance d'executer de
nouveau les fonctions de l'a-
me fenfitive.

On doit conclure tout de
même, que le Thé en detrui-
fant les levains , en arrêtant
les fermentations contre nature, en rectifiant la digeftion,
en abforbant les humidités fu-
perfluës , & en prevenant la
generation des crudités, doit
furvenir à toutes les maladies
de la tête, de l'Eftomach, &
des inteftins , & par confequent à la cephalée , à la migraine , aux catharres , aux
fluxions particulieres, aux maladies foporeufes, & encore a
toutes les indifpofitions qui

E

sont les suittes de là debau-
che & de l'incontinence ; c'est
pourquoy rien n'est plus rare
à la Chine, & au Japon, que
des gens tourmentés de goutte
& de gravelle, où surpris d'A-
poplexie, d'Epilepsie & de pa-
ralysie.

Au surplus, on sçait par experience que les simples qui
abondent assés en parties volatiles & spiritueuses pour
être odorans, sont cordiaux &
diuretiques ; c'est pourquoy
on ne doit pas douter que le
Thé ne puisse être fort propre à depurer la masse sanguinaire, à rectifier son mouvement, & à n'ettoyer ses Fil-
tres ; d'où vient qu'il remedie
aux palpitations du cœur, à
l'embarras des poulmons, à l'e-

rosion de leurs vaisseaux, aux fiévres intermitantes, & à la colique Nephretique.

Reste à dire, que quand on prend le Thé seulement comme aliment & par regal, ou à dessein de conserver la santé, & de prevenir les maladies dont il vient d'être parlé; son usage est si arbitraire & si indifferent, qu'on le peut prendre sans inconvenient, à la quantité que l'appetit peut suggerer, & indistinctement en tout temps, si ce n'est lors qu'on veut s'abandonner au sommeil : mais lors qu'on en use à dessein de se delivrer de quelques indispositions, il est bon d'observer ce qui sera cy-aprés remarqué.

Lors qu'il s'agit d'appaiser

quelques douleurs de tête, ou
d'arrêter quelque fluxion que
ce foit, on doit toûjours mettre
en place de fucre dans chaque
prife de Thé , une cueillerée de firop de vanilles, dont
je donneray la defcription dans
la troifiéme partie de ce livre.

Ce même firop , ou a fon
deffaut celuy de capilaires
fera preferé au fucre, dans
les inflâmations des poulmons,
dans les palpitations de cœur,
& dans les autres maladies de
la poitrine , & l'on fera bien
dans ces occafions de faire
infufer le Thé , dans le lait
de vache boüillant & un peu
écremé.

Pour remedier aux flux de
ventre, à la diffenterie, aux
corruptions qui engendrent

des vers , & generalement à toutes les maladies dependantes de l'indigestion, il sera bon de mettre dans chaque tasse de boisson une ou deux gouttes d'essence d'ambre, ou à son deffaut d'essence de canelle, & de substituer au sucre le sirop de fleurs d'oranges, ou à son deffaut celuy de grenades.

Contre la goutte & contre la colique Nephretique, le sirop de Caffé doit être preferé, il en sera parlé dans la deuxiéme partie de ce livre.

Enfin contre les fiévres intermittantes , on employera avec succés, le sirop febrifuge dont je prescriray l'usage dans le chapitre suivant.

E iij

CHAPITRE VI.

Du sirop de Thé Febrifuge.

LE travail dans lequel je m'engageay en 1682. pour connoître par une analyse exacte, la nature & les propriétés du Thé, du Caffé, & du Cacao, me fit trouver un nouveau moyen pour tirer les sels essentiels des plantes desseichées, ce qui me donna lieu d'observer, que ceux qu'on peut tirer de ces trois simples, étant reünis avec leurs autres principes, composoient un remede également facile, prompt, & assûré, pour la guerison de toutes les espéces de fiévres intermittantes ; j'en

fis alors des épreuves qui eu-
rent tout le fuccés qu'on pouvoit fouhaitter , & contant de
cette découverte , j'étois prêt
à la publier dans le Journal
de Medecine , lors que des
adverfaires jaloux, firent fuf-
pendre l'impreffion de ce Journal par un arreft furpris , qui
n'avoit pour fondement que
des fuppofitions ; ce qui ne
m'empêcha pas de travailler
au bien public , & de faire
diftribuer cet excellent Febrifuge, par les artiftes qui travaillent fous ma direction en
conformité des intentions du
Roy , à la recherche & verification des nouvelles décou-
tes de Medecine.

Les naturaliftes qui font affés
experimentés pour juger des

mixtes par leurs qualités sensibles , n'auront pas de peine à croire que le Thé & le Caffé , qui ont un goût amer âpre & astringent, ayent une vertu Febrifuge , sur tout aprés avoir reflechy sur ce qui a été dit dans les chapitres precedens ; mais il n'y a point de raisonnement détaché de l'experience, qui puisse nous faire presumer cette vertu dans le Cacao ; c'est pourquoy sans m'engager dans des raisonnemens superflus , il se roit mieux de donner icy, la description du sirop dont il s'agit,& d'exhorter les artistes à le mettre à diverses épréuves; mais comme le plus grand mistere de sa preparation, consiste principalement en l'ex-

traction des fels effentiels dont
je dois remettre la publica-
tion un a autre temps, il feroit
inutile de donner quant-apre-
fent, un formule qui ne peut
être executé, qu'aprés la reve-
lation d'un fecret que je me
fens obligé de referver. Cependant comme le firop dont il
s'agit eft déja fort renommé,
& que nos artiftes en font une
ample diftribution, je ne fçau-
rois me difpenfer de decrire
icy, en quoy confifte le bon
ufage qu'on en doit faire.

Pour cela je dois premierement faire obferver, que la
baze de ce firop peut être in-
corporée dans la conferve de
Thé, dans le firop de Caffé,
ou dans la pâte de Chocolat
fans rien perdre de fa vertu,

2 que dans le vin & dans toutes
autres sortes de liqueurs fer-
mentées elle n'a pas une effi-
cacité suffisante, 3 qu'il n'y a
aucuns sels n'y fixe ny essentiels plus stomachiques, plus
temperans, & plus dissolvans
que ceux qu'on tire a la fois
du Thé, du Caffé, & du Cacao.

Le premier vsage que je fis
de ces sels essentiels & fixes,
fut de les ajoûter à un opiate
cordial, que je donnois dans
les maladies qui dependent
de la dépravation du sang;
mais je ne fûs pas long-temps
sans m'appercevoir, qu'ils a-
voient rendu cét opiate en
quelque sorte Febrifuge.

Cette observation me don-
na des vuës pour la reünion

de ces mêmes sels, avec les
principes actifs dont ils a-
voient été separés ; c'est pourquoy je les joignit avec les extraits Philofophiques de leurs
propres fujets , & j'incorpore-
ray enfuitte le tout dans la pâte
du Chocolat degraiffé , de laquelle je fis former des tablettes dozées , aufquelles je
donnay le nom de Chocolat
Febrifuge.

Quoyque l'ufage de ces tablettes eût tout le fuccés que
je pouvois foûhaitter , je ju-
geay a propos de reduire ce
febrifuge fous la forme de
firop, pour en faciliter l'ufage.
On peut prendre ce firop feul
à la quantité d'une once pour
chaque prife , & on peut encore le mettre en même dofe

en place de sucre dans la boisson de Thé , dans celle de Caffé, ou dans celle de Chocolat ; ces diverses manieres de le prendre étant d'autant plus indifferentes, qu'en le mettant dans ces trois sortes de boissons, c'est toûjours reünir ces sels avec leurs propres principes.

Cét excellent Febrifuge ne fixe pas simplement la matiere Febrile , car il depure tres-efficacement la masse sanguinaire, & degage puissamment les conduits qui servent à la filtration & à la distribution des humeurs , en poussant les impuretés & les superfluités par les voyes plus commodes à la nature ; c'est ainsi qu'il

debouche quelquesfois le ventre, qu'il décharge d'autrefois la bile par le vomiſſement,
& qu'il pouſſe ſouvent la matiere morbifique par les urines,
& plus ordinairement encore
par les pores, en provoquant
une ſueur ou du moins une
moiteur ſenſible.

Il n'y a rien de plus ſurpre-
nant que les bons effêts qui
reſultent de ces évacuations ;
comme elles ſont toûjours les
ſuittes de l'action de chaque
priſe de ce Febrifuge , elles
procurent ſi promptement &
ſi heureuſement la gueriſon
ſouhaitteé, qu'aprés la troiſie-
me priſe , les fiévres tierces &
doubles tierces ſe trouvent infailliblement terminées, & les
quartes & doubles quartes

après la sixiéme , ce qui luy
donne un fort grand avantage
sur tous les autres Febrifuges.
Ceux qui en ont ressenti le
benefice , en rendront un té-
moignage qui paroitra moins
suspect que tout ce que j'en
pourrois dire icy ; mais en
en tout cas il seroit facile
de convaincre les plus incre-
dules par mille experiences
journalieres.

Dans les fiévres tierces &
doubles tierces ; la premiére
prise doit être donnée vingt
heures aprés l'accez ; & la seconde douze heures aprés la
premiére , en suite dequoy il
faut attendre le temps de l'accez , qui vient quelquefois ,
mais qui manque aussi assés
ordinairement aprés ces deux

prifes; quoy qu'il en arrive il faut que le jour de l'accez fuivant, le malade prenne le matin à fon reveil la troifié-me prife, qui ne manque point de terminer le mal.

Pour les fiévres fimples quartes, il faut prendre la premiére & la feconde prife du Febrifuge, dans le temps marqué au chapitre prece-dent, & la troifiéme le len-demain matin à jeun; ce qu'il faudra repeter une feconde fois au refpect du deuxiéme accez, vingt heures avant le-quel on prendra la quatriéme prife, douze aprés la cin-quiéme, & le lendemain la fixiéme, foit que l'accés foit venu à l'ordinaire, foit que le malade ait été exempt de fiévre.

Dans les fiévres doubles quartes, il faut commencer l'usage du Febrifuge le jour qu'on est sans fiévre, & prendre la premiére & la seconde prise comme il a été dit pour les autres, la troisiéme se prendra le lendemain deux heures aprés la fin du premier accés ; & le jour d'aprés le second accés, c'est à dire dans celuy d'intermission, on commencera à repeter ce qui aura été fait comme il vient d'être prescrit pour les quartes simples.

Enfin dans les triples quartes qui ont trois differends accez en trois jours consecutifs, il faudra commencer l'usage du Febrifuge deux heures aprés la fin du moindre des trois accez, & toûjours

en

en obfervant tant dans la premiére difpenfation que dans la
repetition , de prendre une
nouvelle prife deux heures
aprés la fin de chaque accés,
en forte que les fix prifes
neceffaires pour la guerifon,
foient données en fix jours
confecutifs , & à chaquefois
deux heures aprés l'accés.

Que fi dans les derniers
jours le malade n'avoit plus
d'accez , il ne laifferoit pas
de regler le temps des derniè-
res prifes, fur celuy auquel les
accez manqués auroient dû
finir.

Les femmes groffes qui ont
paffé le troifiéme mois , peuvent fans aucun fcrupule prendre le Febrifuge en même
dofe ; mais à l'égard de celles

F

qui font encore dans le cours
des trois premiers mois, comme il fe pourroit faire que la
nature fe trouveroit difposée
à pouffer la matiere febrile
par le vomiffement, & que
l'Eftomach ne peut être fou-
levé fans ébranler la matrice;
on ne leur en donnera que
demie once pour chaque prife;
mais à condition de le reïterer,
en telle forte que la confom-
mation du remede foit toûjours équivalente, c'eft à dire,
qu'elle foit de fix demies prifes pour les fimples & doubles
tierces, & de douze pour les
quartes fimples & compofées,
en obfervant les regles cy-
devant prefcriptes, tant pour
les premieres prifes que pour
les repetitions.

Ce qui vient d'être preſcrit pour les femmes qui ſont dans les premiers mois de leur groſſeſſe, convient pareille-ment aux enfans qui ont paſſé l'age de quatre ans ; mais à l'é-gard de ceux qui ſont encore à la mammelle ou qui ne ſont ſeurés que depuis un an ou environ, il eſt mieux de ne leur donner que deux ou trois gros de Febrifuge pour cha-que priſe.

Le Regime qui convient à ceux qui uſent de ce remede, comprend des regles qui peu-vent être reduites ſous deux ordres differens : car les unes ſont generalement vtiles dans l'uſage de quelques Febrifu-ges que ce ſoit ; & les autres re-gardent ſeulement la propre dispensation du sirop de Thé Febrifuge.

Les Regles du premier ordre, sont celles mêmes que j'ay prescrites dans mon traité de la guerison des fièvres ; voicy a quoy se reduisent les plus essentielles.

1. Le porc qui est fort indigeste & le veau qui est musilagineux & relachant, sont des viandes de l'usage desquelles il faut s'abstenir, ainsi que des autres de même qualité.

2. Les boüillons les tizanes, les émulitions, les eaux de veau & de poulet, les liqueurs rafraichissantes à la glace, & generalement les choses actuellement ou potentiellement froides, affoiblissent la natu-

re, & énervent la vertu des Febrifuges.

3. On ne doit donner aucune nouriture ſolide dans toute la durée des accez.

4. Il ne faut faire au plus qu'un uſage tres-reſervé de la patiſſerie, des légumes rafraî-chiſſans, des ſalades & du poiſſon, car chez les Febrici-tans, il ne ſe fait qu'un mauvais chyle de ces ſortes d'Alimens.

5. Le vin eſt pour les Febricitans, la meilleure de toutes, les boiſſons uſuelles, pourveu qu'on le prenne ſans exdez ou pur, ou avec de l'eau ſuivant l'habitude.

6. La Biere quoyque moins bonne que le vin, ne laiſſe pas d'être preferable à toutes

les espéces de Tizannes, car
plus un remede tient de l'a-
liment plus il est salutaire,
c'est pourquoy l'eau policreste que j'ay inventée & qui
nourit comme l'eau commune,
est aprés le vin la meileure
de toutes les boissons usuelles,
qu'on puisse prendre, pendant
l'usage des bons Febrifuges.

7. Les bons alimens & sur-
tout ceux que la nature semble demander, contribuent
presque autant que les remedes à la victoire qu'elle rem-
porte sur le mal.

8. On peut comprendre sous
le genre des bons alimens solides, le bœuf, le mouton, toutes espéces de volailles domestiques, & de gibier, (à l'exception du sanglier) les bœufs

frais qui ne font n'y bilieux ny
échauffans, comme le penfent
qui ceux font prevenus des er-
reurs populaires, les fruits fecs
ou cuits avec une petite quantité de fucre, & même les legumes qui ont beaucoup de parties fpiritueufes, par exemples
les artichaux & les afperges.

A l'égard des regles particulieres que les Febricitans
doivent obferver, par rapport
à la difpenfation du firop Febrifuge, voicy à quoy elles fe
reduifent.

I. Il faut tellement regler
le temps des repas que l'eftomach foit vuide lors qu'on
prend le remede, c'eft fur
quoy les malades fe doivent
eux mêmes confulter, la digeftion étant plus prompte ou

plus tardive , suivant que l'action du levain digestif est plus ou moins efficace.

2. Il faut aussi aprés avoir pris le remede, passer du moins trois heures sans manger, pour donner le temps necessaire à sa distribution, qui se fera mieux si on se tient dans la veille & dans l'exercice.

3. Une regle qui resulte de ces deux premieres , est que depuis la premiere jusqu'à la seconde prise, il n'y a environ que cinq heures dans lesquelles on puisse souper, dîner ou faire d'autres, repas sçavoir 3, 4, 5, 6 & 7 heures aprés la premiere prise ; mais dans cét espace de cinq heures , on peut manger jusques à deux fois & même assés considerable-

ment,

ment, l'abſtinence étant plus
prejudiciable que profitable
dans ces occaſions.

4. Lors que dans cet eſpace
de temps on ne fait qu'un repas, il eſt bon quelques heures devant ou aprés, de prendre ſelon l'inclination quelques chiques de Caffé volatile, ou de Chocolat d'égraiſ-
ſé, deux boiſſons qui n'ont
point les mechantes qualités
du Caffé ny du Chocolat ordinaire.

5. Il ne faut jamais boire
dans le friſſon; mais dans le
chaud on peut boire une mediocre quantité de vin, foible
de luy même ou affoibli avec
de l'eau.

6. Les femmes groſſes doivent éviter pareillement l'u-

fage des légumes qui font ape-
ritifs, comme les artichaux &
les afperges, & à l'égard des
enfans à la mamelle, ils ne doivent teter, qu'à peu près dans
les temps qui ont été marqués pour les repas des adul-
tés.

Par l'obfervation de ces
regles tant generales que particulieres, on affurera efficacement le fuccés de la cure
fouhaittée, mais au refte avec
beaucoup moins de regime,
cét excellent Febrifuge ne
laiffera pas d'arréter la fiévre,
tant il eft vray que les bons
remedes, contraignent pour
ainfi dire la nature à fe porter aux determinations les
plus falubres.

Les remedes auxiliaires qui

concourent en quelques sorte
à l'amortissement & à l'expulsion du levain febrile,
sont ceux qui peuvent hâter
la depuration du sang, lever
les obstructions, dissoudre les
matieres coagulées, & les poû-
ser dehors par les voyes ordinaires, ces bons effets sans doute doivent contribuer beaucoup à rendre la cure plus
prompte & plus assurée. Ordinairement on comprend les
vomitifs sous le genre de ces
remedes, & l'on sçait même
qu'ils sont generalement utiles
dans les lieux ou la pésanteur
de l'air, épaissit & arrête la pituite dans des parties qu'elle
ne doit pas occuper, par
exemple dans l'Estomach,
d'où elle est mieux tirée par

G ij

le vomiſſement que par toute
autre évacuation, auſſi bien
que la bile retenuë dans ſa
veſicule, par l'obſtruction des
meats cholidoques; cependant
comme il ſe trouve des gens
en qui la foibleſſe, & les autres diſpoſitions particulieres
de la poitrine & de l'eſtomach,
rendent les vomitifs tres-dan-
gereux, ils ne doivent être
donnés qu'aprés de ſerieuſes
reflexions, avant l'uſage de
quelques Febrifuges que ce
ſoit, mais ceux qui ſont traitez avec le ſirop de Thé Febrifuge ont cét avantage, qu'il
ne faut point examiner ſi les
vomitifs leurs conviennent ou
nom, car ce remede eſt luy
même ſi utilement vomitif,
qu'il n'excite le vomiſſement

qu'en ceux en qui la nature
fent le befoin qu'elle a de fe
décharger par cette voye: ainfi fans donner icy des regles
particulieres pour l'ufage des
vomitifs , je prefcriray feulement celles des diûretiques
& des purgatifs , qui font les
feuls auxiliaircs , dont les determinations ne font pas contraires aux mouvemens de ce
Febrifuge.

On nomme diûretiques ce
qui paffe par les urines. L'Eau
policrefte dont il a êté parlé,
produit cét effet efficacement
& méme entretient la liberté
du ventre. Ceux qui n'en
pourront pas avoir commo-
dement , mettront dans chaque peinte de l'eau commune
qu'ils boiront, une dragme de

sel de chicorée ou d'aigremoine.

Ces Remedes sont seule-
ment proposés, pour les personnes accommodées qui ne
craignent pas la dépense , &
qui vuëillent recouver promptement l'embonpoint & les
forces perduës ; les autres
s'en pouront passer sans inconvenient & ne laisseront
pas de guerir ; car le Febrifuge fait l'essentiel de la cure,
puisqu'il agit toûjours efficacement sans le secours des auxiliaires, qui ne font icy pro-
posez que comme des reme-
des confirmatifs de l'effet du
specifique.

Il en faut dire autant des
purgatifs, qui ne laissent pas
neanmoins d'avoir leurs uti-

lités , c'est pourquoy je rapporteray en Abregé, les regles que j'ay déja prescrites touchant le bon usage qu'on en doit faire , dans mon traité de la guerison des siévres.

1. Les medicamens qui poussent par le ventre ne sont pas les seuls purgatifs, il n'importe par où l'on chasse les impuretés & les superfluitez, pourveu que les voyes qui servent à leur expulsion soient les plus commodes à la nature , & en faveur desquelles elle semble se déterminer.

3. Il est phisiquement impossible, qu'ils ayent aucune prise sur les matieres heterogenes qui sont confonduës dans la masse sanguinaire , &

qui sont les causes immedia-
tes des fièvres.

4. On doit quelquefois reparer par les purgatifs les
mauvaises dispositions du
corps, mais leur usage doit
ordinairement preceder celuy
du specifique, le relachement
du ventre étant toùjours contraire à son action.

5. Les purgatifs amers ou
leurs extraits étant en quelque sorte Febrifuges, doivent
être preferés à tous les autres.

6. Quand aprés avoir ar-
resté la fièvre, on veut s'assurer par la purgation du côté
de la recidive, il est mieux
qu'elle soit repetée, que d'en
donner des prises plus fortes
& en moindre nombre.

A ces obſervations generales qui conviennent à tous
les Febrifuges, on doit ajoûter une regle particuliere qui
eſt importante dans l'uſage
de celuy-cy.

7. Ce n'eſt pas aſſés d'obſerver beaucoup de mediocrité
dans la doſe des purgatifs
qu'on donne aprés la cure,
il faut encore que par un
long eſpace de temps, on ſe
ſoit aſſuré du côté de la recidive avant que de purger ;
car il eſt aſſez ordinaire que
la purgation cauſe le retour
de la fiévre en depravant la
chylification , & en remuant
les matieres fermentatives.

Au reſte, pour la purga-
tion qu'on doit faire avant
ou aprés la cure des fiévres

intermitantes , on peut user
avec succés du vin purgatif
que j'ay décrit dans mon livre du remede Anglois , &
qui se prepare avec l'hiere
pigre : mais l'extrait purgatif de nos artistes luy est preferable. Son usage est dau-
tant plus facile , qu'on le donne en petite dose & qu'il n'a
point de mauvais goût. On
peut neanmoins le saupou-
drer de sucre ou l'envelopper
dans du pain azime , dans la
pelure de pomme cuites , ou
dans quelques semblables choses ; outre qu'on le peut dif-
foudre dans un peu de vin
ou de boüillon. Il suffit pour
les plus robustes d'en donner
gros comme une aveline &
pour les autres à proportion.

Aux femmes grosses on en donnera seulement demie do-se, & aux petits enfans une quatriéme partie dans quelque confiture que cefoit.

Quoy qu'il foit rare de voir des recidives, quand on a trai-té & guery les fiévres intermit-tantes, fuivant les regles qui viennent d'être prefcrites ; on fçait neanmoins par expe-rience, qu'il eft des gens en qui il fe trouve diverfes for-tes de levains, de façon qu'a-prés avoir éteint celuy qui faifoit une certaine efpéce de fiévre, il arrive quelquesfois qu'une autre fe fermente à fon tour & fait une nou-velle fiévre, fi par precaution on n'a pas foin de l'amortir & de le chaffer ; c'eft pour-

quoy ceux qui vuëillent s'aſ-
ſurer d'avantage , doivent
huit jours aprés la ceſſation
de la fiévre prendre une nouvelle priſe , & pour mieux
faire encore, une autre quinze jours aprés celle-là , ou du
moins quelques priſes de l'extrait de Thé , qui ſera même
preferable pour les perſonnes
delicates.

Quoyque cette precaution
ſoit utile, il ne faut pas croire
neanmoins qu'elle ſoit abſolument neceſſaire , puiſque
ſans l'oſerver , il ne ſe trouve
pas un malade entre cent qui
tombe dans le cas de la recidive,& qu'au pis-aller lors de
cét inconvenient , il ſuffit de
repeter ce qu'on avoit fait ,
ce qui eſt d'autant moins cha-

grinant , que le remede eſt
tres-facile & ſon prix tres-
modique.

Au reſte les priſes de ce
remede étant en petit volume & en petit nombre , il eſt
ſi propre à être tranſporté,
qu'on peut même l'envoyer
par la poſte à tres-peu de-
frais , ſoit dans les Provinces,
ſoit dans les Royaumes étrangers , outre qu'étant en conſiſtance de ſirop , le ſucre le
rend tellement inalterable ,
qu'on peut même l'envoyer
dans les Indes , ſans craindre
que le temps ny la mer luy
ôtent rien de ſa vertu.

Tige de la plante du Caffé.

LE BON USAGE
DU THE', DU CAFFE', ET DU CHOCOLAT.

SECONDE PARTIE

Traitant de la nature, des propriétés, & du bon usage du Caffé.

CHAPIRE I.

Des lieux où on cultive le Caffé, de sa forma, & de ses differentes denominations.

 E Caffé est une plante qui croît en abondance dans le Royaume d'Ye-men qui fait partie de l'Ara-bie heureuse , & encore selon

quelques Auteurs aux environ de la Mecque. Ses feüilles ressemblent en quelque sorte à celles du cerisier, mais elles ont encore plus de rapport à celles de l'évonime qu'on nomme encore fusin, ou bonnet de Prêtre, avec cette difference neanmoins quelles sont plus épaisses & plus dures, & qu'elles conservent toûjours leur verdeur. Le principal corps de cette plante, est une sorte de tige qui ressemble assez bien à celles de nos féves domestiques, & en effet son fruit qui est assés du goût & de la consistance de nos feverolles, est renfermé au nombre de deux grains dans une petite espéce de gousse ; c'est pour

cela

cela qu'on reconnoît ce fruit
en Europe pour une espéce
de féve Indienne. Quoy-
qu'il en soit, chacun en deci-
dera comme il luy plaira aprés
l'inspection de la tige & de la
graine qu'on a fait representer a la premiere page de cette
seconde partie.

Cette plante fut reconnuë
par les premiers Auteurs qui
en ont traité, sous le nom de
bon ou sous celuy de ban en
bonchum , ou selon quelqu'uns buncho & buncha. Les
Egyptiens l'appellent assés
ordinairement *Elkarie*, & les
Arabes *Cachua*, comme pour
faire un diminutif de leur
Cachaundiano, dont ils croyent qu'elle est l'espéce la
plus menuë, & c'est appa-
H

remment par cette raison qu'ils ont nommé Caoua sa teinture, qui est leur plus delicieuse & plus ordinaire boisson ; cependant cette teinture a été plus generalement nommée Caphé ou Caffé, & même à present on donne indistinctement ce nom a la drogue & à sa teinture.

Ce nom a neanmoins receu quelque corruption parmy certaines nations, car par exemple les Allemands écrivent plus volontiers *Coffi* ou *Coffé* ; les Anglois *Coffé*, & les Turcs *Chaube*, mais plus ordinairement *Cahué* à cause dequoy ils donnent aux lieux où il est debité en detail, un nom Turc qu'on traduit en françois Cavehannes,

& je ne doute pas au reſte, que cette plante n'aye receu encore d'autres noms en Europe ou aillieurs , mais rien ne m'engage à les rechercher tous pour les rapporter icy, & le Lecteur ſera ſans doute contant , quand aprés ce qui vient d'être dit , il apprendra que pour m'accommoder à nôtre uſage , je comprendray dans ce traité ſous le nom de Caffé, la plante , la graine, & la teinture dont je dois parler.

A L'égard de la graine, elle a tant de ſolidité qu'on ne peut n'y l'amollir ny la cuire, ſoit en la faiſant tremper, ſoit en la faiſant boüillir dans l'eau ; c'eſt pourquoy s'il étoit poſſible de tirer de tou-

te sa substance une espéce
d'aliment , il seroit beaucoup
plus pesant & plus indigeste
que les differends ragoûts
qu'on fait avec nos féves.
J'ay observé neanmoins qu'elle n'est qu'à peine un jour
ou deux dans l'eau froide,
sans jetter une espéce de germe , & sans rendre une teinture verdâtre; ce qui destruit
l'opinion de ceux qui pre-
tendent que les Arabes la
passent sur le feu avant que
de la negocier, à dessein d'en
détruire le germe , & d'empêcher par cette precaution,
qu'elle ne soit cultivée dans
d'autres pays ; adjoustez que
cette observation est soute-
nuë de l'experience; car Monsieur d'Errere qui fait icy

un fort grand commerce de
Caffé, assure qu'un Gentil-
homme de ses amis, en a se-
mé & en cultive avec succez
pres de Dijon depuis plusieurs
années, qui vient dans la
même forme que celuy d'Arabie dont il n'est differend que
par l'odeur, qui n'est pas à
beaucoup pas si forte ny si
agreable.

CHAPITRE II.

De la nature du Caffé.

LE Caffé qui est insipide
lors qu'il est encore en
graine, ne laisse pas d'avoir
considerablement d'amertume & d'astriction, lors qu'il
a été preparé pour l'usage
comme il sera dit cy aprés ;

c'est pourquoy je serois obligé d'expliquer icy la nature des amers, si je ne m'étois acquité de ce devoir dans la premiere partie de cét opuscule, où je renvoye le lecteur, pour ne le point ennuyer par d'inutiles repetitions. Cependant pour ajoûter à la doctrine generale des amers, ce qui constituë l'essence particuliere du Caffé, voicy ce que je dois faire remarquer.

Si le Caffé en graine n'a point d'amertume, & s'il n'en a même que tres-mediocrement lors qu'il est preparé pour l'usage, il n'a aussi dans sa composition qu'une tres-mediocre quantité de particules acides ; mais aussi comme il est fort solide & fort

peſant, il a pour principe pre-
dominant, des particules terreſtres que j'ay encore nom-
mées Alkalis, ce qui n'empêche pas qu'il n'ait beaucoup
de parties ſubtiles, fermentatives & tres-faciles à ſe déta-
cher. On l'a dû comprendre
par ce qui à été dit de la couleur verdâtre qu'il rend dans
l'eau froide, & il ſeroit difficile
de le demontrer plus clairement, qu'en preparant cette
teinture brune & ſavoureuſe
qu'il rend dans l'eau boüillante, aprés qu'il a été roti &
pulveriſé; puiſquelle ſe fait
dans un moment, & qu'il ne
faut qu'une tres-petite quantité de poudre pour la rendre
conſiderablement chargée.

Par cette teinture brune,

on doit entendre cette fameu-
se boisson qui a retenu le nom
de sa matiere , & qui a toûjours été la plus ordinaire &
la plus delicieuse liqueur des
levantins : elle est même si
connuë & si usitée dans l'Europe, que dans la seule ville
de Londres, il-y-a plus de trois
milles maisons destinées à
boire du Caffé, dans lesquelles il-y-a de grandes sales, où
l'on voit tout le jour & une
bonne partie de la nuit, un
tres-grand nombre de bu-
veurs, & l'on sçait qu'à Paris
il s'en fait une prodigieuse
consommation, non seulement
chez les Marchands de li-
queur , mais encore dans les
maisons particulieres & dans
les communautés.

nouri

Cette boisson toute simple
qu'on ne prend que comme
nouriture ou par forme de regal, ne laisse pas d'avoir des
propriétés medicinales, qui la
doivent faire considerer au
moins comme un aliment medicamenteux ; c'est pourquoy
elle seroit beaucoup mieux entre les mains des Artistes que
dans celles des Limonadiers,
qui ne sont pas assez experimentés dans la preparation
des simples, pour conserver les
parties plus essentielles de
ceux qui passent par le feu,
n'y assez sçavans dans l'art
de guérir, pour être en état
d'en prescrire le bon usage.

Si on observe la couleur,
l'odeur, la saveur & la consistance de cette boisson, prin-

I

cipalement lors qu'elle est
preparée avec le lait , on se
persuadera aisement, que les
parties subtiles & delicates
du Caffé sont grasses & étherées , puisquelles, donnent a
cette boisson une douceur en
quelque sorte onctueuse , &
qu'elles s'unissent analogi-
quement avec les parties bu-
tireuses du lait sans les separer de sa serosité , ce qui ar-
riveroit infailliblement , s'il
y avoit dans cette teinture,
aucun autres principes pre-
dominants que les corpuscules étherez.

En effet la seicheresse du
Caffé, nous persuade qu'il n'a
presque point de corpuscules
liquides ; le peu de sel fixe
qu'on en tire, par l'incinera-

tion, nous assure qu'il n'est pas
beaucoup chargé d'acides;
la vertu qu'à sa teinture de
desalterer & de desenyurer,
nous marque assés qu'elle
n'est pas abondante en corpuscules ignées ; & s'il est
vray qu'il soit dans son tout
beaucoup chargé de particules terrestres , les parties
grasses & étherés s'en detachent si facilement dans l'extraction de sa teinture, qu'elles ne retiennent qu'une tres-
petite quantité des plus lege-
res, & que le reste se preci-
pite au fond du vaisseau en
forme de marc ou de fœces.

Voicy maintenant ce qu'on
doit inferer generalement parlant des observations precedentes.

I iij

1. Le Caffé pris en substance fatigueroit extraordinairement l'Estomach, diminüeroit le mouvement & la fluidité de la masse du sang, & causeroit necessairement des obstructions dans les visceres qui sont pleins de vaisseaux capilaires comme le foye & la ratte.

2. Sa teinture mal depurée c'est-à-dire trop chargée de ses parties terrestres, peut causer les mêmes indispositions par un usage continué.

3. Au contraire cette teinture preprarée avec toute forte de precaution, doit être d'autant plus salubre, qu'elle ne contient que les parties plus subtiles, plus douces &

plus étherées du Caffé, du
moins si l'on en excepte quelques corpuscules ignées qui
volatilisent ses parties, quelques particules acides qui
font la saveur de sa teinture,
& une tres-petite quantité de
corpuscules terrestres qui servent a lier ses substances volatiles, & à leurs donner,
que consistance, sans quoy
elles se dissiperoient aussi tost
qu'elles seroient agitées par
l'air, ce qui n'arrive pas.

4. Les parties deliées, &
volatiles de cette teinture, ne
sçauroient être agitées par
le ferment de l'Estomach, sans
être sublimées vers la tête
en consistance de vapeur,
elles ne sçauroient s'y porter,
sans enlever avec elles le peu

de particules terreſtres qui leur donnent cette conſiſtan-ce, & les unes & les autres ne ſçauroient par cette ſublimation abandonner les plus péſantes, c'eſt-à-dire les plus terreſtres & les plus ſolides, ſans que celles c'y ſoient precipitées avec celerité dans les inteſtins, jointes à l'eau qui avoit ſervy a l'extraction de ſa teinture, à laquelle elle ſervent de vehicule, d'où reſultent tous ces effets ſurprenans, qui cauſent l'admiration des naturaliſtes & de ceux qui pratiquent actuellement l'uſage du Caffé.

5. Quoyque le plus ordinaire effet de la boiſſon du Caffé, ſoit de corriger toutes eſpéces d'intemperies ; ou

voit neanmoins des perſonnes qui ſe ſentent échauffées par ſon uſage, & il s'en trouvent d'autres au contrare, qui n'en ſçauroient boire ſans ſouffrir des indigeſtions, ſans ſe trouver univerſellement affoibliës, en un mot ſans reſſentir toutes ces incommodités, qui ſont ordinairement cauſées par les alimens & par les remedes qu'on dit être potentiellement froids.

Mais il ne faut pas croire que cette derniere obſervation, ſoit particulierement applicable au Caffé ; on en peut dire autant des plus ſimples & des meilleurs alimens, qui rencontrent quelquefois dans les parties ou dans le ſang, des diſpoſitions qui ne s'accom

I iiij

modent pas avec leurs qualitez : c'est pourquoy je tiens
qu'ils n'y a personne qui ne
doive s'assurer sur l'usage du
Caffé , avant que de se resoudre à le continuer , puisqu'il
se pourroit faire qu'il se trouveroit des dispositions particulieres & contraires à son
action , dans ceux mêmes à
qui l'on pourroit croire qu'il
conviendroit le mieux , par
rapport à leur constitution
universelle.

Je ne sçaurois donc dire
avec quelques Auteurs que
le Caffé est chaud , & qu'il
ne convient qu'à des personnes flegmatiques ; n'y avec
d'autres , qu'il est froid &
qu'il ne convient qu'aux bilieux & aux sanguins ; n'y

encore moins avec ceux qui
veulent qu'étant de qualité
temperée, il ſoit generalement utile à toutes ſortes de
perſonnes ; car je ſçay au contraire qu'il ſe trouve indifferemment entre les bilieux, les
ſanguins, les pituiteux, & les
melancoliques, des perſonnes
à qui il fait du bien, & d'autres à qui il fait du mal : c'eſt
pourquoy, bien qu'il ſoit
vray qu'il y aye peu d'alimens ny de medicamens ſi generalement bon que la Caffé,
chaque particulier doit examiner dans les premiers eſſais,
ſi par quelques diſpoſitions in-
terieures & inconnuës, il ne
ſeroit point à ſon égard dans
le cas de l'exception. En un
mot je ne ſçaurois donner icy

de regle plus generale &
tout ensemble plus raisonnable , que celle de dire que
chacun doit en continuer ou
cesser l'usage, suivant le benefice ou les incommodités qu'il
en recevra.

Cette regle generale a neanmoins comme toutes les autres ses exceptions ; puisqu'il
est des personnes qui sans
faire aucune épreuve, peuvent s'assurer que le Caffé ne
leurs conviendroit nullement,
car par exemple celles en qui
la nature à besoin d'une chaleur extraordinaire, ou (si l'on
osoit ainsi parler) d'une espéce de fiévre, pour faire la
digestion & l'expulsion des
impuretez ou des superfluités dont elle est opprimée,

fe doivent abstenir de son
usage , par cette raison qu'il
amortit les levains, au moyen
desquels cette chaleur est excitée. Ceux qui ont des insomnies causées par une matiere inherente aux parties in-
terieures de la tête , en doivent aussi être privez , puisqu'il augmenteroit ou que
du moins. il entretiendroit
trop long-temps le mouve-
ment de ces matieres. Ceux
qui font sujets aux crache-
ment de fang, ne pourroient
en boire fans danger une
considerable quantité , puisque l'action de fes parties
volatiles d'une part, & celles
de fes parties referrantes de
l'autre, cauferoient des expe-
ctorations & peut être des

soulemens d'Estomach qui les meneroient à des facheuses recidives celles en qui l'Estomach est tres foible, qui le sentent pesant & à qui il donne des aigreurs & de rots, ne pourroient en user habituellement sans, s'attirer une facheuse indigestion ; car il ne se pourroit que ses parties terrestres qui luy donnent la vertu d'amortir les levains, n'affoiblissent le ferment digestif. Les femmes enceintes qui sont encore dans les premiers mois de leur grossesse, & celles qui sont sujettes aux pertes de sang, n'en doivent faire pareillement qu'une usage tresreservé, car on sçait par experience qu'il a la vertu de pousser puissamment par la matrice.

On pourroit faire avec raifon quelques inftances contre
cette derniere obfervation ;
fi aprés avoir dit que le Caffé
n'a que peu tres-peu de fel
fixe, je ne rapportois la caufe de cette vertu Hyfterique
à un autre principe , c'eft
pourquoy je dois faire remarquer, qu'il ne faut pas conclure
de cette petite quantité de fel
fixe , que le Caffé aye trop
peu de particules acides pour
être un grand apetitif ; car
étant abondant en particules
étherées & volatiles , il ne fe
pourroit que la plus grand
part de fes acides , ne fuffent
enlevées par fes parties volatiles lors de fa calcination,
quand même on le brûleroit
avant que d'en avoir extrait

la teinture, & c'est d'ou vient
que lors de cette extraction,
la plus grand-part de ses acides, se détachent conjointe-
ment avec les particules étherées & s'etendent avec elles
dans le liquide, de maniere que
cette teinture n'est à proprement parler, que la dissolution
& l'extension d'une espéce de
sel volatile; Or si l'on sçait par
experience, que les sels volatiles detachez de toute autre
principe, font diaphoretiques
& sudorifiques; on sçait aussi
qu'ils font diuretiques & Hy-
retiques, lors qu'il font unis
comme dans la teinture du
Caffé, avec des particules terrestres & pesantes qui les pre-
cipitent.

Aprés ces observations, on

comprendra facilement pourquoy le Caffé a toutes les vertus que j'ay attribuées au Thé,
& plufieurs autres encore qui
luy font particulieres, & que
je deduiray incontinent ; mais
comme ce que j'en dois dire
regarde l'ufage du Caffé, je
dois auparavant parler du
choix qu'on en doit faire, de
fa bonne preparation, & de
quelques autres chofes auffi
utiles ; mais qui ne tiendront
lieu que de fimples acceffoirs.

CHAPITRE III.

*Du choix, de la torrefaction & du
prix de la graine de Caffé.*

LE choix de la graine de
Caffé ne confifte qu'en
deux circonftances ; l'une
qu'elle foit nette, c'eft-à-dire

sans addition d'aucune espéces de corps étrangers ; ce que
la vuë decouvre aisement ;
l'autre qu'elle soit autant
nouvelle qu'il est possibles,
de quoy on fera suffisamment
assuré, si elle est bien entiere
si elle a un œil grisâtre & si
elle est bien odorante, car
lors qu'elle est surannée, elle assez ordinairement quelques grains vermoulus, &
d'aillieurs elle est toûjours ou
trop brune ou trop blanche,
& ne sent presque rien.

On avoit crû jusques icy que
la blancheur de cette graine
étoit une marque certaine de
sa bonté, mais comme il m'é-
toit arrivé plusieurs fois d'en
trouver de cette sorte qui
n'avoit pas la moindre odeur,

&

& dont la teinture étoit prefque infipide, je m'avifay d'engager un de mes amis qui étoit
à Marfeille, de m'en envoyer
de tout frais debarqué & de
la meilleur forte, ne pouvant
pas douter que celuy là ne
fût de beaucoup plus reçent
que celuy que nos droguiftes
tirent de Hólande par Roüen,
par cette raifon que le premier eft transporté en tres-
peu de temps, de l'Arabie au
grand Caire & du Caire à Marfeille par la Mediteranée, au
lieu que l'autre eft le plus
fouvent un année entiere fur
la grande, Mer & beaucoup
plus de temps encore dans les
magafins des Hollandois, pendant quoy l'action de l'air
peut bien enlever fa couleur

K

grisâtre , que j'ay toûjours
trouvée à celuy que j'ay fait
venir de Marseille, & auquel
j'ay trouvé moins de blancheur , mais beaucoup plus
d'odeur , plus de goût & plus
d'éfficacité , que dans celuy
que je tirois auparavant de
Roüen ; d'où il en vient
neanmoins encore une autre
mechante espéce qui est d'un
gris assés brun , & qui n'a
acquis cette couleur, que pour
avoir été exposée pendant
plusieurs années , à toutes les
ordures & à toute la ver-
mine d'un Magasin.

Quant-a ce qui regarde le
prix de cette graine , il y a
quelque temps qu'elle se ne-
gocioit en gros sur le pied de
quarante jusqu'à soixante li-

vres le cent , mais depuis cinq
ou six mois, elle a monté jufqu'à quatre vingt , & celle de
la bonne forte fe vend dans
le detail vingt quatre & vingt
cinq fols la livre, ce qui fait
que les trompeurs font obligés
de l'augmenter par l'addition
des poix pour y trouver leur
compte ; car la preparation
de la poudre de Caffé eft
maintenant fi generalement
connuë , que tous ceux qui
en ufent habituellement fe
feroient donné la peine de le
preparer , fi les Marchands
n'euffent reduit fon prix à
quarante fols , fur lequel ils
ne feroient prefque aucun
profit , s'ils employoient du
Caffé pur à vingt-quatre fols
la livre, trois liv. de ce Caffé,

K ij

ne produisant gueres . plus de
deux livres de poudre bien
preparée.

Ce calcul joint à la fortune
de quelques gens qui font
commerce de Caffé m'ayant
fait soupçonner cette sophistication , je formay le dessein
d'en découvrir le mistere , &
pour cela je fis brûler & je
tiray de la teinture de toutes
nos espéces de féves, & en
suitte de toutes nos sortes de
pois. Je trouveray que nos
féves romaines , ou d'Aricot
donnoient une teinture tres-
desagreable, & qui n'appro-
choit en rien de celle du
Caffé ; & j'observay que celle
de nos grosses féves en appro-
choit un peu plus , celle de
nos feverolles , encore d'a-

vantage , & beaucoup plus
encore celle de nos pois jaunes , & fur tout ceux qui
ne cuifent point.

Aprés cela ayant affecté en
diverfes rencontres , d'entrer
en converfation avec quelques gens faifant commerce
de Caffé , & de leur faire
comprendre que je fçavois
ce qui fe pratiquoit à l'égard
de cette fophiftication , je me
confirmay & je me rendis
même plus fçavant dans ce
que j'avois prefumé , car plufieurs m'avoüerent qu'ils ajoûtoient en effet au Caffé une
troifiéme partie de pois , mais
qu'à cet effet ils preferoient
les pois d'Efpagne , qui font
jaunes comme les autres mais
beaucoup plus petits.

Quant-à la torrefaction du Caffé, la maniere dont elle se fait ordinairement est tres-deffectueuse. On met seulement cette graine sur un feu de charbon dans une bassine de cuivre étamé, ou dans une terrine de terre vernissée, & on la remuë continuellement avec un instrument de fer, jusqu'à ce qu'elle soit suffisamment rotie, c'est-à-dire à peu prés à demie brulée, ce qui luy donne une couleur tannée fort obscure. Alors on la tire du feu, & on prepare ensuitre la poudre, en la maniere qui sera expliquée dans le chapitre suivant ; mais je dois dire aupavant que le Caffé ne peut être rôti par cette methode,

fans caufer la diffipation de
fes parties plus étherées, plus
volatiles, & plus falubres;
puifque cette diffipation eft
neceffairement excitée par le
feu, & que ces rotiffoirs n'ont
rien qui la puiffe empêcher,
tellement que cette forte de
Caffé, ne peut rendre qu'une
teinture indigefte & prefque
ineficace.

Il y a deux fortes de perfonnes, qui ne reconnoiffent
que trop fouvent cette verité
par leur propre experience,
fçavoir celles qui ont l'Eftomach foible & delicat & celles qui ont de tres-puiffans
levains & de tres-fortes vapeurs; car dans les unes, le
Caffé ainfi mal preparé caufe
des indigeftions, des naufées,

& quelquefois le vomissement
même , & dans les autres , il
n'empêche presque jamais la
sublimation n'y l'effet des vapeurs , c'est ce qui a fait dire
à Monsieur Sylvestre du Four,
que ceux qui pourroient trouver le secret de rotir la graine de Caffé , sans causer la
dissipation de ses parties volatiles , en tireroient une teinture de beaucoup plus agreable & plus salubre, que celle
de celuy qui est roti en la maniere vulgaire ; aussi avons
nous appris de Monsieur Bernier qui a beaucoup voyagé
au Levant, qu'au Caire qui
est une des plus grandes Villes
du monde, où il s'en consom-
me une prodigieuse quantité,
les connoisseurs luy avoient
assuré

asſuré qu'il n'y avoit que
deux hommes qui euſſent le
ſecret de le bien preparer, &
qui fuſſent en réputation pour
cela.

Quelques gens qui ont re-
cherché ce ſecret, ont inventé une ſorte de rotiſſoir qui
ſe tourne à la broche, &
donc on ſe ſert dans la plûpart des grands Caffez de
Londres ; mais comme ces rotiſſoirs, font de cuivre rouge,
qui peut communiquer une
tres-méchante qualité au
Caffé, & qu'ils ſont parſemez
de troux dans toute leur étenduë ; bien loin d'empêcher la
diſſipation des parties volatiles
du Caffé, on peut dire qu'ils
y contribuent en quelque ſorte, car la broche dont il ſont

L

traversés étant placée devant
la feu & sur des chenets, comme
celles qui servent a rôtir la
viande, il arrive que pendant
qu'on la tourne, les parties
du feu qui entrent par les trous
qui sont du côté de la che-
minée, poussent directement
les parties volatiles du Caffé
vers les trous qui leurs sont op-
posés, où elles ne rencontrent
que les parties de l'air, qui
ne peuvent pas resister à l'a-
ction d'un aussi puissant im-
pulseur qu'est le feu ; de sorte
qu'elles se dissipent continuellement, sans même qu'aucunes
d'elles puissent être reverbe-
rées sur leur matiere, au lieu
qu'en remuant le Caffé dans
une simble poële, on oblige
toûjours quelqu'unes de ces

mêmes parties a rentrer dans la maſſe dont elles étoient iſſuës.

ILeſt vray que quelques per-ſonnes ayant reconnu ces in-conveniens, ont fait faire ces rotiſſoirs de fer & non troüés, mais elles ont été bientôt con-traintes d'en rejetter l'uſage, par ce qu'elles ne pouvoient ainſi rotir le Caffé ſans un fort grand feu, ce qui luy faiſoit ſentir le brulé d'une maniere tres-des-agreable.

A mon égard j'ay inventé une nouvelle maniere de rotir le Caffé, dont le lecteur pro-fitera ſans doute avec plaiſir ; elle conſiſte a un double rotiſ-ſoir qui eſt auſſi a la verité traverſé par une broche, & troué en bien des endroits, mais qui ſe place dans un four-

neau de reverbere conftruit
expres, en forte que fon ampli-
tude n'excede le volume du rotiffoir, que de l'efpace de trois
doigts dans toute fa circonference; outre que d'aillieurs
les trous des deux tuyaux de
ce rotiffoir, font difpofés de
telle façon, que ceux du premier tuyau ne font pas vis-a-
vis ceux du fecond, étant
au contraire directement op-
pofés aux efpaces pleines qui
font entre ceux là; Si bien
que ces efpaces reverberent
la plus grande partie des
particules volatiles qui en for-
tent, & que quand les autres
fe viennent prefenter aux
trous du fecond tuyau, elles
font en quelque forte repouf-
fées au dedans, par les parties

du feu qui agissent continuellement sur toute la surface
pendant même que la broche
tourne, au moyen du reverbere dont le fourneau est couvert.

Au surplus, comme les fourneaux de reverbere conservent parfaitement bien la
chaleur, ou n'est pas obligé
dans celuy-cy de rotir le Caffé
avec un feu ardent, & l'on
peut même (comme j'ay fait)
trouver si justement la quantité, le degré, & le temps du
feu qu'on doit donner, qu'a-
prés son entiere consommation, le Caffé se trouve preci-
sement roti au degré qu'il le
doit être ; d'où resulte deux
avantages considerables : le
premier que le Caffé roti a

une douce chaleur, n'a point
cette facheuse acrimonie,
qu'on trouve ordinairement
dans celuy qu'un feu violent
a impregné de particules ignées : l'autre que le Caffé tor-
refié sans aucun excez dans
le plus ny dans le moins, est
d'autant plus salubre que
quand il l'est trop peu, sa teinture est pesante & indigeste,
& qu'au contraire quand il
l'est trop, elle est amere terrestre & par consequent astringente dans un degré excé-
dent.

Au surplus, je donneray bien-
tost au public une nouvelle
machine, qui sera encore preferable a celle icy dont par
cette raison je me dispenseray
de donner la figure.

CHAPITRE IV.

Du choix , de la conservation,
& du prix de la poudre, ou fa-
rine de Caffè.

LEs regles que j'ay don-
nées dans le chapitre precedent, pour le choix de la
graine du Caffé, sont plus que
suffisantes pour ceux qui ne
veuillent point être trompés
à cét égard ; mais il n'est pas
à beaucoup pres si facile, de
les mettre en état de precaution, contre les surprises de
ceux qui vendent la poudre
sophistiquée en la maniere qui
a été ditte ; puisqu'on ne peut
principalement distinguer cette poudre, de celle qui a été

L iiij

fidellement preparée, que par
une odeur particuliere, sur laquelle il m'est impossible de
m'expliquer clairement, & sur
laquelle il ny a que la delicatesse de l'odorat & une longue
experience, qui puissent établir une connoissance certaine ; ainsi tout ce que je puis
dire à cét égard , est que si
on la trouve fort odorante, &
qu'on puisse reconnoître par
sa couleur, si la graine n'a été
trop , n'y pas allés rotie , on
pourra croire qu'elle est du
moins passable ; mais le meil·
leur seroit de n'en prendre
que de gens dont on soit
assurés, ou du moins de la preparer soy même.

Pour y proceder avec toute
la precaution possible , il ne

faut pas a l'exemple de quelques gens, la piler simplement
dans un mortier, & la passer
dans un tamis decouvert, car
de cette façon, on ne conserve pas bien ses parties volatiles ; c'est pourquoy il est
beaucoup mieux de la broyer
dans ces sortes de Moulinets
qu'on fabrique exprés, &
qu'on trouve chez les Quin-
calleurs, encore faut il qu'a-
prés avoir mis la graine de
Caffé dans un de ces moulinets, on recouvre son embouchure, avec un couvercle de
tolle de fer ou au moins de
fer blanc, ayant des bords
comme le couvercle d'une
boëte, & ayant un trou dans
son milieu seulement assés
grand, pour donner passage à

la tige du moulinet.

C'est encore une negligence blamable, que de mettre simplement un plat, une terrine, ou quelque semblable vaisseau au dessous du moulinet pour recevoir la farine, comme on le pratique assez ordinairement, car de cette maniere, cette farine se trouve exposée à l'air durant un temps assés considerable, pour perdre beaucoup de ses parties volatiles ; c'est pourquoy il est mieux d'avoir une bource de cuir, dont l'entrée soit attachée à la circonference du cul du moulinet, en sorte que la farine qui y tombera, ne puisse être atteinte en aucune façon par les parties de l'air. Il faut tout de même

qu'elle soit mise ensuite dans
un tamis exactement couvert,
& que les parties grossieres
qui n'ont pû traverser les pores du tamis, soient de nouveau broyées dans le moulinet
avec les mémes precautions,
ou du moins pilées dans un
mortier exactement couvert ;
en un mot ou ne sauroit donner trop de soin pour conserver ces parties volatiles, qui
rendent le Caffé bien preparé
aussi salubre & aussi agreable,
que celuy qui est negligem-
ment apresté est degoutant &
pernicieux.

Aprés avoir dit tant de fois
que les parties volatiles du
Caffé, se detachent tres facilement de ses parties plus materielles , & qu'il est nean-

moins tres-important de prevenir ce detachement par toute sorte de moyens, le lecteur
a dû comprendre, que ce n'eft
pas affés d'avoir preparé fa
farine avec toute les circonftances prefcriptes, mais qu'il
faut encore la conferver pour
l'ufage avec de nouvelles precautions, en quoy les Marchands de Caffé ont accou-
tumé de pecher, car aprés
avoir pezé cette farine par
demy livres, ils fe contentent
de l'envelopper dans un fimple papier gris, & de l'expofer
ainfi dans leurs boutiques. Il
eft beaucoup mieux de la conferver dans des poches de
cuir a doubles coutures &
bien fermées, comme on faifoit il y a quelque temps, &

encore mieux comme on fait
maintenant dans des boëtes
d'Allemagne fermant a vis, &
doublées de plomb & de cuir
rouge ; mais avec tout cela
il est encore a propos que les
Marchands & les particuliers
ne s'aprovisionnent pas trop de
cette farine, & qu'à chaque
fois ils n'en preparent qu'autant qu'il en faut, pour la
consommation qu'ils en peuvent faire en deux ou au plus
en trois mois.

J'ay déja dit que le prix ordinaire de la poudre de Caffé, est
de quarante sols pour livre, &
que ce prix est trop modique
pour la subsistance des Marchands qui la preparent fidellement, c'est-à-dire avec la
meilleure graine & sans au-

cune addition ; ainsi ceux qui feront assurés de la probité de ces Marchands , ne doivent pas hesiter à la payer un écus ou au moins cinquante sols la livre, à moins qu'ils ne fussent dans des lieux où la graine de Caffé soit moins chere qu'a Paris. Les artistes de nôtre Laboratoire, qui rotissent le Caffé avec le rotissoir & dans le fourneau dont il a été parlé, & qui par cette raison distingue sa poudre par le nom de Caffé volatile, en ont fixé le prix à un écu la livre.

CHAPITRE V.

De la prepation de la teinture ou boißon de Caffé, & de son usage en General.

LEs precautions qu'on doit prendre pour conserver les parties volatiles du Caffé, se doivent étendre jusque à la preparation de sa teinture. Pour cela il faut observer.

1. De ne mettre la poudre dans la Caffetiére que quand l'eau commence a boüillir; car en la mettant avec l'eau froide, il ne se pourroit que beaucoup de ces mêmes parties ne fussent dissipées, avant que le feu eût excité le premier boüillon.

2. D'empecher que l'écume qui monte incontinent aprés ce premier boüillon, ne se repande hors de la Caffetiere, ce qu'on évite en la tenant exactement bouchée & en la remuant de moment à autre, deux choses qui servent merveilleusement a faire rentrer dans la liqueur, les parties subtiles qui s'élevent pendant l'ébullition au dessus de sa superficie.

3. De ne la faire boüillir qu'environ la troisiéme partie d'un quart d'heure, une trop longue ébullition, forçant toûjours quelques parties volatiles à s'échapper par les jointures du couvercle.

4. En un mot qui voudroit aller la dessus au dernier raffi-
nement

nement, devroit preferer au feu de bois ou de charbon, celuy de la flâme de l'eau de vie rectifiée, qu'on fait brûler commodement à cét effet dans des fourneaux d'argent ou de fer blanc, aufquels font jointes leurs Caffetieres , & qui font fi legers & en fi petit volume , qu'un voyageur les peut porter commodement dans la poche, avec la taffe, le Caffé , le fucre & l'eau de vie. Ceux de fer blanc qu'on tire d'Angleterre font beaucoup mieux travaillés que ceux qu'on trouve à Paris, outre que le fer blanc des Anglois , eft Eftamé avec une Eftoffe beaucoup plus fine que le nôtre , ce qui fait qu'il refifte mieux au feu; mais

M

aprés tout, ils n'ont en France & en Angleterre qu'une
même forme, que j'ay fait
reprenter icy en faveur des
personnes de Provinces qui
n'en ont pas encore vû, non
seulement tels qu'ils sont lors
que toutes leurs piéces sont
assemblées ; mais encore d'une
façon propre, à faire voir di-
stinctement chacune de ces
piéces , dont on expliquera
l'usage à la fin de ce livre , aussi
bien que de toutes les autres
figures que j'ay données.

page 149.

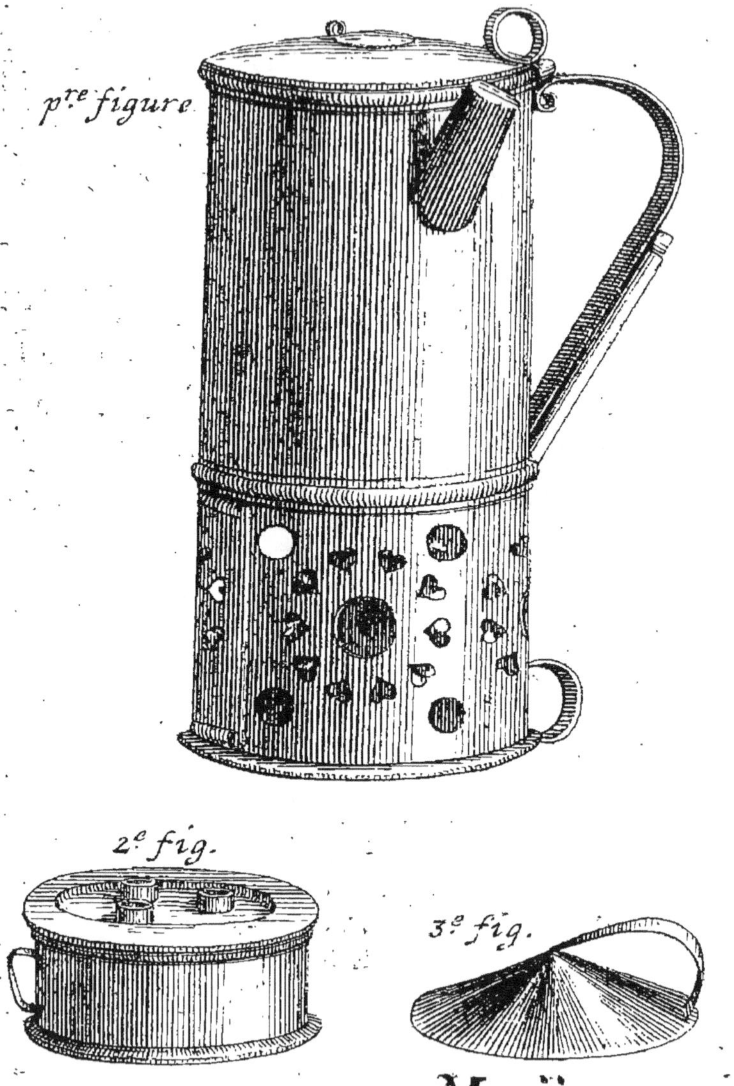

p.re figure

2.e fig.

3.e fig.

M ij

J. H. fer

Caffetiere montée sur un fourreau pour faire
le caffé avec esprit de vin.

Outre ces Caffetieres a fourneaux de la façon commune, j'en ay encore inventé d'une nouvelle espéce qui sont plus portatives, & dont on sera bien aise de voir icy la figure, en attendant que j'aye publié la machine dont j'ay déja parlé, & dont ce fourneau portatif n'est qu'une legere idée , l'usage de celle là étant infiniment plus étendu , ainsi qu'on l'apprendra par l'explication que je feray publier.

pag. 151

Caffetiere portatiue pour la preperation
et pour l'vsage du Caffé &c.

Ce n'eſt pas aſſés de con-
ſerver les parties volatiles
du Caffé dans la preparation
de ſa teinture, car pour la
rendre auſſi legere auſſi diſtri-
butive & auſſi ſalubre qu'elle peut l'être, il faut qu'elle
ne ſoit que mediocrement
chargée ; c'eſt pourquoy il
ſuffit de mettre une demy once
de poudre pour ſix priſes de
boiſſon ; il eſt encore tres-important, qu'elle ne ſoit aucunement chargée du marc ou
parties groſſieres de la poudre;
ce qui fait qu'on obſerve ordinairement de la verſer doucement & par inclination dans
le chiques, & de ne le faire
même qu'aprés qu'elle à re-
poſé un moment un peu loing
du feu ; mais on ſçait par ex-

perience que ces precautions
ne font pas fuffifantes, pour
avoir une teinture bien depurée, a caufe de quoy je me fers
encore de deux moyens dont
il eft bon que le public foit
informé. Le premier eft d'ac-
celerer la precipitation de ces
parties groffieres, en jettant
quelques goutes d'eau froide
dans la Caffetiere au moment
qu'on la retire du feu ; l'autre
eft de preferer à toutes efpéces de Caffetieres, une forte
de Caffetiere de fer blanc
que j'ay inventée, & qui eft
conftruite de telle forte, qu'elle a vers fon fond une am-
plitude, qui fert merveilleufement a retenir le marc de fa
teinture, lors qu'on la ver-
fe dans la chique, & de plus

encore une espéce de filtre à son bec, qui ne donne passage qu'aux seules parties de la liqueur. La premiere figure de la planche qui suit, represente cette espéce de Caffetiere, & les autres figures designent la forme de toutes les autres espéces de Caffetieres qui sont en usage, & qui peuvent aussi bien que celle là, indiferemment à la preparations du Thé & du Chocolat, ce qu'on comprendra mieux par ce qui en sera dit dans la troisiéme partie de ce livre.

Cette

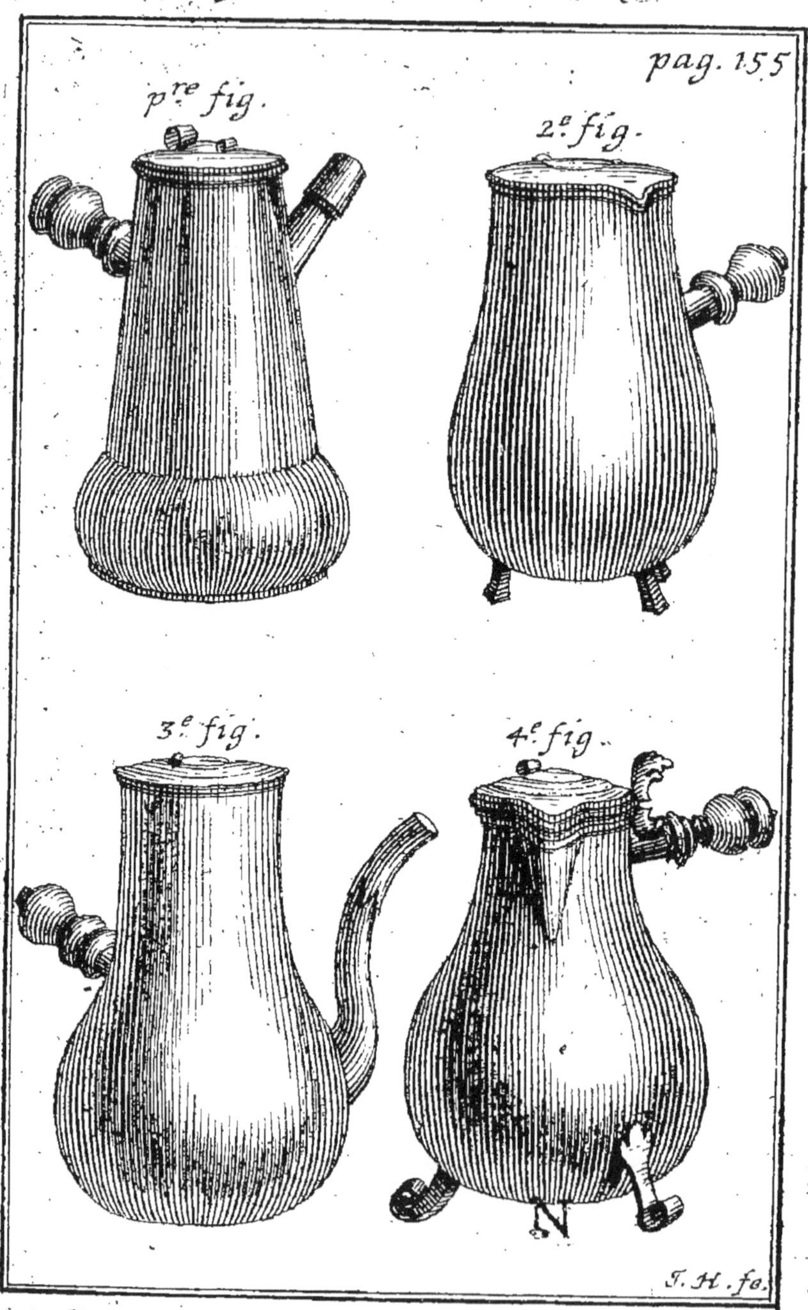

Caffetiere de diverses formes.

Cette liqueur seule a une amertume & un goût de brûlé, qui la rend tres-desagréable, sur tout à ceux qui n'y sont pas habitués ; c'est pourquoy ordinairement on y ajoûte pour chaque prise une demie cueillerée de Sucre en poudre : ce qui fait une Liqueur à laquelle on n'a pas de peine à s'accoutumer : neanmoins ceux qui par une fausse prévention, croyent que le Sucre est échauffant de quelque maniere qu'il puisse être pris, affectent de ne la point sucrer, croyant que de la sorte elle est beaucoup plus salubre ; mais ils reviendroient bien-tôt de cét erreur, s'ils avoient auprés d'eux de veritables Medecins, qui leurs fissent compren

dre que le Sucre est une espéce de sel essentiel, que les
acides sont les principes do-
minans de toutes espéces de
sels, que la propriété essentielle des acides est de rafraî-
chir, & que si la Chimie nous
fournit des esprit acides qui
sont caustiques & brûlans,
comme l'esprit de Nitre &
l'Eau forte ; c'ést parce que
ces esprits sont des espéces de
mixtes, qui abondent d'ailleurs en particules ignées,
qu'on peut écarter & affoi-
blir suffisamment, pour faire
de ces mêmes esprits des liqueurs tres-rafraîchissantes,
en y ajoûtant un volume d'eau
considerable : car aprés cela
ces Medecins leurs persuade-
roient aisément, que les mé-

chans effets de l'usage immoderé du Sucre, dependent de
la vertu relâchante & affoi-
blissante de ses parties musilagineuses, & que cette vertu
est suffisamment détruite, lors
que ces mêmes parties sont
desunies & écartées par un
certain volume de liqueur;
outre que la vertu astringente & reserrante du Caffé, est
tellement opposée à celle que
je viens de dire, qu'il ne peut
résulter de ce mélange qu'u-
ne qualité moyenne; c'est
pourquoy on peut sans inconvenient consulter son goût,
sur l'agrément qu'on veut
donner au Caffé par l'addition du Sucre; mais il est
meilleur qu'on l'aye auparavant reduit sous les differen-

tes formes de firops dont il fera parlé cy aprés.

On feroit beaucoup plus
mal fi à l'exemple de quelques perfonnes voluptueufe;
on ajoûtoit à la Boiffon de
Caffé l'effence d'Ambre, les
Poudres de Canelle, de Gerofles & de Cardamome, ou quelques autres efpéces de Parfums ou de drogues aromati-
quesque ce foit ; parce que le
mouvement de leurs parties
volatiles, prevalant fur celuy
de celles de Caffé, elles en in-
terrompent l'action, & pri-
vent ceux qui en ufent des
bons effets qu'ils en efpé-
rent.

Au refte on ne prépare ordinairement la boiffon de
Caffé, que dans le temps mê-

N iij

me qu'on veut en user , & à
la verité on fait bien d'observer cette maxime , la plus
nouvelle faite étant toûjours
la meilleure ; mais on pourroit neanmoins sans beauconp
d'inconvenient à l'exemple
des Marchands de Liqueur,
préparer cette Boisson le matin , & la garder pour servir
au besoin pendant toute la
journée , pourvû qu'elle soit
toûiours entretenuë chaude
dans une Caffetiere exactement fermée ; car lors qu'elle a été une fois refroidie, elle perd son bon goût & ses
qualitez , qu'il n'est pas possible de luy restituer en la ré-
chauffant , ny même en la
faisant boüillir de nouveau.,
c'est pourquoy comme on fait

un aſſés grand uſage de cette
Boiſſon en nôtre Laboratoire,
auſſi bien que de celle du
Thé & du Chocolat , j'ay inventé une ſorte de Fourneau
qui au moyen d'une lampe à
trois petites mêches , peut
entretenir fort chaudes pendant tout le jour ces trois ſortes de Boiſſons , & cela d'autant plus commodément que
cette chaleur eſt toûjours
égale, & qu'elle eſt entretenuë
à peu de frais. Les curieux ſeront ſans doute bien aiſe de
trouver icy la Figure de ce
Fourneau, que j'ay fait repre-
ſenter icy pour leur ſatisfa-
ction.

Fourneau à Lampe pour entretenir la chaleur des caffetieres.

Si la boisson de Caffé qui
est entretenuë chaude durant
un temps considérable par ce
moyen, ou par quelques autres
équivalens , n'est guere
moins bonne que celle qui
est faite sur le champ, il n'en
est pas ainsi de celles que pré-
parent les Marchands inte-
ressés, avec le marc dont on a
déja tiré une premiere teinture ; car on ne peut tirer de
ce marc qu'une purée indigeste , obstruante & sans aucune vertu ; il est vray que
ces Marchands ajoûtent ordinairement à ce même marc
un peu de nouvelle poudre ;
mais cette addition ne sert
qu'à rendre un peu moins
mauvaise, une chose qui de soy
seroit détestable , n'y ayant

aucun aliment dont l'ufage
foit plus à craindre que la
boiffon de Caffé , rendüe
indigefte par une prépa-
ration negligée ; c'eft pour
cela que les Peuples du Levant n'obfervent pas feulement la maxime de ne la point
laiffer refroidir ; mais encor
celle de la boire auffi chaude
qu'il eft poffible , & même
doucement & à diverfes re-
prifes, pour ne point fatiguer
l'eftomach : c'eft de cette maniere de la prendre, dont The-
venot entend parler dans la
Relation de fes Voyages,
quand il dit que dans les Caveannes du Levant ; on entend une affés plaifante Mufique de humerie ; mais outre
cette Mufique, il eft encore

des Caveannes en Turquie,
où les Maiſtres entretiennent
une ſimphonie de voix &
d'Inſtrumens pour donner du
plaiſir à leurs Buveurs.

Cependant on ne peut douter
que le Caffé dont ils uſent, ne
ſoit beaucoup plus chargé
que celuy qu'on nous aporte,
des parties volatiles qui en
doivent faire toute la bonté
& toute la délicateſſe ; & en
effet Monſieur Bernier qui
n'avoit pû s'accommoder de
celuy qu'on luy avoit preſenté
pluſieurs fois en Egypte, trou-
va ſi excellent celuy qu'il bût
dans les Ports de l'Arabie
Heureuſe , qu'il en prenoit
tous les jours avec plaiſir cinq
ou ſix taſſes. Ce Medecin aſ-
ſure que dans les Indes &

dans la Perse, on n'en use que tres peu & seulement dans les Ports de Mer , mais que par toute la Turquie on en fait un fort grand usage. Peu s'en faut que les Anglois & les Hollandois ne suivent l'exemple des Turcs, & peu s'en faut aussi que nous ne soyons aussi avancés que ceux-là sur cette habitude ; mais en recompense les Epagnols , les Italiens & les Flamands ne s'y portent pas volontiers , & peut-être que nous ferions mieux d'en user aux occasions comme remede , que d'en prendre habituellement sur le pied de nourriture ; du moins ay-je connu par experience, qu'on peut faire tresutilement diverses operations

medecinales de cette graine,
sur lesquelles je m'explique-
ray dans le Chapitre sui-
vant.

Mais au reste les personnes
de qualité qui prennent par
delice la boisson de Caffé, ont
accoûtumé de la faire servir
en compagnie sur des Soucoupes de Cristal, de Porcelaine,
ou de Fayance de Hollande,
mais plus ordinairement sur
des Portes-chiques qu'on appelle Cabarets à Caffé, & dont
on pourra voir les differentes
formes dans la Figure suivante.

Cabarets a Caffé.

Au surplus c'est l'opinion de
plusieurs grands personnages
que la boisson de Caffé (non
plus que les autres breuvages
familiers ou domestiques) ne
rompt point le jeûne, pourvû
qu'on la prenne par une espéce de necessité, & nullement
à dessein de faire fraude aux
Commandemens de l'Eglise ;
si bien que les personnes foibles, & celles qui sont tom-
bées dans une espéce d'inani-
tion, en peuvent tirer un secours d'autant plus considerable, dans les jours d'absti-
nence, qu'elle émousse la
faim, & qu'elle soûtient le
cœur plus que toute autre
boisson, c'est peut être par
cette raison que les Turcs qui
se picquent d'être fort reli-

gieux, croiroient avoir rompu
leur jeune, s'ils en avoient fen-
ty la fumée pendant l e R ha-
madan, qui eſt l'eſpéce de Cā-
rême ordonné par Mahomet.

CHAPITRE VI.

Des preparations Medecinales du Caffé.

LEs preparations mede-
cinales du Caffé que
j'ay inventées, & que j'ay mi-
ſes en pratique avec beaucoup de ſuccez, ſont ſes ſels,
ſon huile fixe, ſon eau diſtillée & ſon Sirop: j'ay déja parlé de ſes ſels dans le traité du
Thé , où je me ſuis reſervé à
donner dans le Journal de Medecine , la matiere d'extraire
l'eſſen-

l'essentiel, & où j'ay dit que
le fixe se tiroit comme tous
les autres par incineration,
l'exivation, filtration, eva-
poration & crystalisation, ce
qui doit suffire à cét égard,
puisque rien n'est plus familier aux artistes que ces operations, & qu'apparemment
nulle autre personne ne se
voudroit donner la peine de
les pratiquer.

Quant à l'huile fixe du Caffé, voicy la maniere de la preparer. Prenez une livre & demie de graine concassée, rem-
plissez-en les deux tiers d'une
cornuë de vérre bien luttée,
placés-là au fourneau de reverbere, adaptés-y un grand
bâlon ou recipient, & aprés
avoir lutté exactemét les join-

O

tures, donnés le feu par degrés, il en sortira premierement un flegme comme de
l'eau, puis des vapeurs d'un
jaune tirant sur l'Orangé, &
ensuite une matiere terrestre
& noirâtre qui est l'huile
dont il s'agit, après l'extraction de laquelle vous laisse-
rés refroidir les vaisseaux, &
les ayant deluttez, vous sepa-
rerez cette huile par le filtre,
puis si vous voulez la rectifier,
vous en ferés une sorte de pâte
avec une quantité suffisante
de sable que vous metrés dans
une cornuë, & l'ayant placée
dans un fourneau à feu nud,
vous en ferés la distillation
selon l'art.

C'est un bon remede con-
tre les maladies hysteriques.

On la donnera presque toûjours avec succés à la quantité de six ou huit gouttes, a-
vec trois onces d'eau d'armoi-
se, dans la suppression des
menstruës, dans la jaunisse ou
jcteritie, & dans toutes les
espéces de suffocations de
matrice : j'ay connu même
par experience que sa seule
vapeur receuë par le nez,
abaisse tres efficacement les
vapeurs uterines. Elles n'est
pas moins bonne pour resoudre les tumeurs froides, &
peur dissiper les douleurs des
jointures, étant mêlée avec
une troisiéme partie de nôtre
esprit de vin Corallin, & appli-
quée sur les parties tumefiées
ou douloureuses.

Pour ce qui est de l'eau di-

ſtillée, elle eſt d'une preparation tres-facile : Jettez dans
deux pintes d'eau boüillante,
une dragme de ſel fixe de Caffé, & trois onces de ſa poudre ou farine, faites boüillir
le tout durant un bon demy
quart d'heure, puis l'ayant
tiré du feu, & le marc étant
affaiſſé, verſés par inclination cette teinture dans un
Alembic de verre, & y ayant
adapté un chapiteau & un
recipient, & lutté les jointures avec de la colle & du papier ; diſtillés au Bain-marie
& gardés pour l'uſage dans
une fiole bien bouchée, l'eau
que vous trouverés dans le recipient. On peut s'en ſervir
en place d'eau d'armoiſe avec
l'huile de Caffé, contre

toutes les maladies Hysteriques dont il vient d'être parlé. Il arrive aussi quelquefois
qu'en la donnant au poid de
quatre onces au commence-
ment de l'accez , elle guerit
en assez peu de prises les fiévres intermittantes ; c'est
pourquoy il seroit difficile de
trouver un Vehicule plus efficace, lors qu'il s'agit de donner le sirop de Thé febrifuge.

A l'égard du sirop de Caffé, voicy la maniere de le preparer ; tirez la teinture d'une
once & demie de Caffé , avec
une pinte d'eau & une dragme de son sel fixe , en la maniere cy-devant expliquée,
& par la même methode tirés
pareillement la teinture d'une

once de fleurs de Noyers avec une pinte d'eau, & une dragme de sel essentiel de Caffé, puis ayant mêlé vos teintures, & y ayant ajoûté dix clouds de Gerofles, & si grains de Cardamome, passés le tout par un double linge, ou par une chausse claire & nette, puis l'ayant mis dans une bassine avec cinq livres de sucre fin, cuisés vôtre sirop jusqu'en consistance, observant de le bien écumer, mais sans autre clarification.

On le peut prendre seul à la quantité de deux cueillerées; mais la plus ordinaire & la meilleure façon d'en user, est de le mettre en place de sucre dans le Thé, ou dans la boisson même de Caffé, envi-

rön à la quantité d'une cueillerée pour chaque prife.

Comme il tient du moins
autant de la nature de l'aliment que de celle du remede;
on peut le prendre de l'une ou
de l'autre maniere indiffe-
nemment a toutes les heures
du jour; mais il eſt neanmoins
d'un effet plus fenſible lorsqu'on le prend le matin à
jeun, ou dans d'autres tems a-
prés que la digeſtion eſt faite.

Il remedie tres-efficace-
ment dans les deux ſexes, à
toutes les eſpéces d'indiſpoſi-
tions qu'on attribuë aux vapeurs du foye, de la ratte, &
de la matrice, & par conſequent aux maladies hypocondriaques & aux ſuffocations
de matrice, ou maux de mere,

aux fureurs uterines, & generalement à toutes les paf-
fions hyfteriques·ce qui vient
de la vertu qu'il a de lever
puiffamment les obftructions;
& d'amortir promptement les
levains, qui caufent dans ces
vifceres des fermentations
contre nature.

C'eft pourquoy on en peut
encor ufer avec beaucoup de
fuccés dans les fiévres intermittantes, dans les maladies
des reins & de la veffie, dans
les Coliques bilieufes, dans la
Goutte, dans les Rhumatif-
mes, dans le Scorbut, dans
les Ecroüelles ; dans la Migraine, dans toutes autres efpéces de maux de tête, &
même dans les inquiétudes,
& dans les infomnies qui font
caufées

caufées par une feroſité irri-
tante , dans l'aſſoupiſſement,
dans les laſſitudes ſpontanées,
& généralement dans les maladies qui dépendent de la
diſſipation des eſprits , du
mouvément dépravé des hu-
meurs , ou de l'aigreur & de
la force des levains.

CHAPITRE VII.

Des propriétés particulieres de la
boiſſon de Caffé.

I'Ay affecté exprés de donner la preparation du ſirop
de Caffé , avant que de parler
des vertus de ſa teinture , par
cette raiſon que ce ſirop & cette teinture font enſemble une
boiſſon beaucoup plus agrea-

ble & en même temps beaucoup plus efficace, que celle qu'on prepare simplement avec le Sucre.

La Teste est la partie de tout le corps sur laquelle le Caffé produit de plus considerables effets ; car par son usage ordinaire, on prévient presque seurement l'Apoplexie, la Paralisie, la Létargie, & presque toutes les autres maladies soporeuses, en préparant sa Boisson comme il vient d'être dit avec le Sirop de Caffé. Elle guerit même ordinairement le vertigo, les Catharres, la Phrenésie & les Fluxions & maux de dents, sur tout si pour ces indispositions, on préfere au Sirop de Caffé celuy de Vanilles, dont il sera parlé à la fin de la troisiéme partie de ce Traité.

Mais soit qu'on la prépare avec l'un ou l'autre de ces Sirops , elle dissipe si efficacement les fumées du vin & des entrailles , qu'elle desenyvre sur le champ, & qu'elle abbat presque avec la même promptitude les vapeurs qui causent les insomnies, les assoupissemens, les inquiétudes, la migraine , & presque tous les autres maux de tête , ce qui fait qu'en dégageant les esprits embarassés , elle fortifie la memoire & le jugemēt, & qu'elle donne à la volonté une liberté entiere pour diriger toutes les actions volontaires , en rectifiant toutes les dispositions taciturnes & mélancoliques, ce

qui a été premierement obfervé par les Bergers d'Arabie, qui remarquerent avant
qu'on eût fait aucun ufage du
Caffé, que quand leurs mou-
tons avoient mangé de cette
efpéce de legume, ils gamba-
doient d'une maniere extraordinaire.

C'eft pourquoy la vertu
qu'on attribuë au Caffé, de
rendre chaftes & pudiques
les perfonnes qui en font un
ufage habituel, eft purement
imaginaire; car outre qu'elle
n'a jamais été foûtenuë par
aucunes obfervations auf-
quelles on puiffe ajoûter foy,
la fecondité des femmes du
Levant, prouve d'autant plus
évidemment le contraire,
qu'on fçait que cette Boiffon

leur est familiere , & qu'elle
porte tant d'esprits vers les
parties genitales , que ces
femmes n'ont point de remede plus prompt & plus assuré
que cette Boisson pour faciliter l'accouchement , pour
provoquer les régles retenuës,
pour corriger les pertes blanches , & pour appaiser ces sortes de tranchées qu'elles souf-
frent assez ordinairement
pendant les couches.

Il est vray que l'on auroit
pû dire jusques icy, que la plus
grande part des parties plus
spirituelles & plus efficaces
du Caffé , se dissipent par le
transport qu'on en fait de
l'Arabie en Europe ; mais
maintenant qu'on le peut préparer avec son Sirop même,

qui en augmente autant la vertu que le tranfport la diminuë : on la doit regarder comme un remede, ou du moins comme un aliment qui fortifie puiffamment toutes les actions naturelles.

C'eft pourquoy cette Boiffon étant préparée de la forte, donne une vigueur aux parties qui, affermit les chairs, qui diffipe les laffitudes fpontanées, qui diffoud les nodofités des jointures, & qui refifte à prefque toutes les differentes caufes de la mort fubite, c'eft à dire à celles qui peuvent faire des fuffocations funeftes, par une fluxion fubite fur la gorge, par la generation des polipes dans le cœur, & par des abfcés intérieurs.

Auſſi a-t'on reconnu par experience, qu'il eſt d'un grand ſecours à ceux qui ſont incommodés par la repletion univerſelle du corps , par la groſſeur particuliére du ventre , & par l'embarras qui ſe fait dans les reins, & qui devient la cauſe generative des Pierres & par conſéquent des Coliques Nephretiques &
des ſuppreſſions d'urine.

C'eſt à peu prés par la même raiſon , que la ſimple Boiſſon de Caffé eſt ſi ſalutaire aux goutteux & aux Scorbutiques, que les Medecins Anglois & Hollandois aſſurent que la Goutte & le Scorbut, regnent infiniment moins dans leurs pays depuis qu'elle y a été dans un grand uſage,

ce qui se confirme en quelque
sorte par l'experience particuliere de nos Goutteux qui
s'y sont habitués ; car ils en
tirent du moins ce benefice,
que leurs accés sont moins
fréquens & beaucoup plus
supportables.

On use aussi fort utilement
de la boisson du Caffé, contre
diverses indispositions de l'e-
stomach, sur tout quand elle
a été préparée comme il vient
d'être dit, car lors que cette
partie est provoquée à se soû-
lever, par des matieres irritantes qui causent des vomis-
semens continuels, elle arrête
le progrés de ces matieres, en
amortissant & en emoussant
leurs pointes, & au contraire
lors qu'elle est surchargée

d'une pituite fade & glaireu-
fe qui ôte l'appetit, elle eft
foûlevée fi efficacement par
l'action du fel de Caffé, qu'-
elle eft incontinent déchar-
gée par le vomiffement.

J'ay obfervé encor que
quand la digeftion eft affoiblie par le relâchement des
fibres de l'eftomach, le Caffé
les referre par une action qui
luy eft commune avec toute
les autres drogues qui ont une
efpéce d'amertume, & qu'au
contraire il relâche fes fibres,
& ceux même du canal inte-
ftinal, lors que dans la con-
ftipation du ventre ils font
refferrés, ce qui eft une proprieté effentielle à fes parties
éthérées & oleagineufes, c'eft
d'où vient que plufieurs per-

sonnés qui étoient incommo-
dées d'une constipation habi-
tuelle, ont changé cette méchante disposition , en s'assu-
jettissant à prendre chaque
jour, deux chiques de Caffé
incontinent après avoir dî-
né.

Cela n'empêche pas nean-
moins que la vertu fortifiante
du Caffé , ne contribuë beaucoup à la guerison du flux de
ventre & du flux de sang ; car
il resiste puissamment à ces
fortes de corruptions du ventre qui dépravent le chyle &
qui aigrissent les humeurs,
d'où il arrive que son usage
habituel prévient la généra-
tion des vers, & presque toutes les espéces de Colique.

Il est aussi tres efficace pour

dépurer la masse du sang , &
pour mondifier les Poulmons;
c'est pourquoy sa Boisson
preparée avec le Sirop de Li-
mons , appaise la soif des Febricitans & addoucit la ri-
gueur de leurs accés & de
leurs redoublemens , guerif-
sant même quelquefois radicalement les fiévres intermittantes , & preparée avec le
Sirop de Vanilles , elle est
d'un effet merveilleux pour
ceux qui ont la poitrine , naturellement foible , ou accidentellement affoiblie par le
Rhume , par la Toux inve-
terée , par une Pulmonie
naissante , & par ces autres
espéces de fluxions qui rendent la voix rauque , & qui
causent l'Asthme & la courte
haleine.

Au reste, ce que j'ay dit de
la vertu du Caffé contre les
assoupissemens & contre les
insomnies, n'est pas à beaucoup prés si contradictoire
qu'on pourroit le penser; car
outre l'experience, il est
d'ailleurs tres probable qu'a-
vec un même remede, on
peut calmer les les esprits agitez qui empêchent le som-
meil, & dissiper les vapeurs
par lesquelles les fonctions de
l'ame sensitive sont interrom-
puës.

Je finis en advertissant
qu'il se pourroit faire que la
rebellion de quelqu'unes des
maladies dont il a été parlé,
dépendroit de la retention de
quelques excretions, c'est
pourquoy ceux qui auront

entrepris de s'en délivrer par
l'ufage du Caffé, ne s'en doivent rebuter qu'après avoir
inutilement tenté d'aider fon
action par celle d'un purgatif, en y ajoûtant de temps en
temps en place des Sirops cy-
devant fpécifiez, une cueillerée de Sirop magiftral pour
chaque prife, ou de quelques
autres Sirops équivalens.

TROISIE'ME PARTIE

traitant de la Nature , des propriétés , & du bon usage du Chocolat.

CHAPITRE I.

Du Chocolat en général.

PEU aprés la découverte du nouveau monde, nous aprimes de nos Voyageurs, qu'entre les autres commodi-tez de la vie , on y trouvoit une sorte d'aliment composé, qui servoit tout ensemble à rassasier & à desalterer les A-mericains, qui le mangeoient en pâte ou conserve seche, & qui le beuvoient en liqueur. Nous apprîmes aussi que ces mêmes Peuples comprenoient cette conserve & cette liqueur sous le seul nom de Chocolate ou Chocolatl, par cette raison que dans leur Langue naturelle *Choco* signifie son , & *atte* ou *atle* eau, car lors qu'on prepare cette liqueur, on l'agite avec un instrument de bois d'une maniere à faire du bruit , voila l'étimologie du nom de Chocolat.

Cet aliment étoit lors aussi peu délicat que ses inventeurs étoient peu raffinez; mais aprés la conquête de la nouvelle Espagne , les Espagnols qui se trouverent dans

une espéce de necessité de
s'accoûtumer à son usage , ne
manquerent pas d'encherir
sur ce qu'ils en avoient appris
des Indiens , & de le rendre
beaucoup plus agreable par
la soubstraction de certaines
drogues , qui sembloient n'y
être mises que pour en augmenter la quantité , & par
l'addition de divers aromatiques ou parfums qui pou-
voient flatter le goût. Ce fut
dans cét état qu'ils commen-
cerent à le negotier en Europe & particulierement en
Espagne , où il fut bien-tôt
dans une estime presque gé-
nérale : cependant comme il
ne se peut guére conserver au
de-là de deux ans , & que les
Négocians consommoient souvent

vent une bonne partie de ce
temps à leurs Voyages, ils furent obligez de changer la
difpofition de ce commerce,
& de nous apporter en fub-
ftance, les ingrédiens qui font
la bafe & l'effentiel de cette
compofition ; ce fut alors que
nous en apprîmes le myftere,
& que nos Phyficiens Scola-
ftiques fe firent fête d'e-
xaminer le formulaire de cette compofition , & felon leurs
mauvaifes coûtumes , de former des argumens pour le fo-
phifme, fur un fujet qu'ils fem-
bloient vouloir éclaircir , fi
bien qu'ils pafferent bien tôt
de la difpute , à ces diffenti-
mens importuns, qui retiennent dans une cruelle incer-
titude ceux qui cherchent à

s'inſtruire, ce qui a étably
tant de faux préjugez, qu'entre un fort grand nombre
d'Autheurs qui ont écrit juſ-
ques icy du Chocolat, il n'y
en pas un ſeul même entre les
plus modernes, de qui on
puiſſe tirer aucune inſtru-
ction édifiante ; car les premiers aprés s'être vainement
efforcez d'accommoder à
leurs opinions particulieres,
les principes inſuffiſans de
l'ancienne Philoſophie ; & les
Commentateurs qui ſont venus enſuite, & ceux mêmes
dont les ouvrages viennent
d'occuper nos preſſes, ayant
ſuivy la même route ; les inutiles raiſonemens des uns, ſe
reduiſent à cette concluſion
que le Chocolat eſt froid ; les

argumens des autres à soûtenir qu'il est chaud ; en un mot
les consequences de quel-
ques-uns , à cette prétenduë
preuve qu'il est temperé , n'y
ayant d'ailleurs aucunes autres differences entre ceux
qui tiennent pour une même
qualité , si ce n'est que les uns
la mette au premier , les autres au deuxiéme , & quelques-uns au troisiéme & au
quatriéme degré.

Comme je ne pouvois faire
aucune application utile de
cette doctrine, & que j'avois
neanmoins pris la résolution
d'approfondir mon sujet , je
me suis trouvé contraint de
negliger la lecture de ces Autheurs , & de me rendre certain par moy même des bon-

nes & des mauvaises qualitez
du Chocolat par un examen
phyſique & ſerieux, desin-
grédiens qui entrent dans ſa
compoſition, & des qualitez,
& propriétez qui en doi-
vent reſulter. Je ne ſçay ſi
j'auray travaillé avec ſuccés.
Je m'en rapporte au jugement
des bons Phyſiciens & des
bons Medecins, qui ſont ſeuls
capables d'en juger & d'encherir ſur mes obſervations,
s'ils les croyent dignes de paſſer à la poſterité, ou de les
cenſurer ſi elles ſont aſſés dé-
fectueuſes pour devoir être
ſupprimées ; que ſi je me
trouve reduit dans le cas de
cette cenſure, je la recevray
avec d'autant plus de défe-
rence, que je n'expoſe ce

projet qu'à dessein d'être
desabusé, si tant est que je
sois dans l'erreur, ou d'être
confirmé dans mes sentimens,
si les habiles gens y applau-
dissent assés, pour me faire la
grace d'y ajoûter leurs observations.

Avant que de finir ce Chapitre; Je dois faire observer,
que nous avons connu par le
Formulaire des Indiens, aussi
bien que par celuy des Espagnols, que le Cacao a toûjours fait la base & l'essentiel de la pâte de Chocolat;
& que le Sucre a toûjours été
employé pour doner du corps
& de l'agrément à cette pâte:
c'est pourquoy avant que de
parler des ingrediens qui ont
été souftraits, & de ceux qui

leurs ont été subftituez par les reformateurs, je traiteray dans le Chapitre fuivant de ces deux principales drogues.

CHAPITRE II.

Du Cacao , & du Sucre en particulier.

ON reconnoît icy , & ailleurs fous le nom de Cacao , le fruit d'un arbre qui croit en differens lieux des Indes Occidentales, & principalement à Guatimala , Province de la nouvelle Efpagne. Il eft à peu prés de la grandeur & de la forme du Châtaigner. Les Indiens le nomment le *Cacava-*

qua huit, & les Europeens Ca-
caotal ou Cacavifere. Ce
fruit eſt renfermé au nombre
de vingt ou trente amandes
dans une ſorte d'écoſſe, dont
on peut comparer la forme
exterieure à celle des melons.

Autrefois on croyoit que
cét Arbre ne pouvoit fructi-
fier ſans être à l'ombre d'autres plus grands Arbres, mais
les Eſpagnols en ont planté
avec ſuccés dans des Vergers
fort découverts & même
dans l'Iſle de Cuba, qui n'a
que trois pieds de terre ſolide. On croyoit auſſi que ſon
fruit ne pouvoit acquerir une
parfaite maturité que dans
l'eſpace de douze mois ou environ, & neanmoins on eſt

202 *Le bon usage du Thé*,
maintenant convaincu qu'il
rapporte chaque année en
Juin & en Janvier, & que son
fruit n'est pas si-tôt cueilly
qu'il repousse de nouveau, en
sorte toutefois que la recolte
d'Esté est beaucoup plus considerable que celle d'Hyver,
auquel temps il ne laisse pas
de conserver ses feüilles, qui
ne tombent qu'à mesure qu'-
elles renaissent. Ceux en faveur de qui on donne cette
Histoire, seront sans doute
bien aise de trouver icy la Figure de cét Arbre avec son
fruit, & c'est pour leur donner cette satisfaction, qu'on
l'a placée à la page suivante.

On

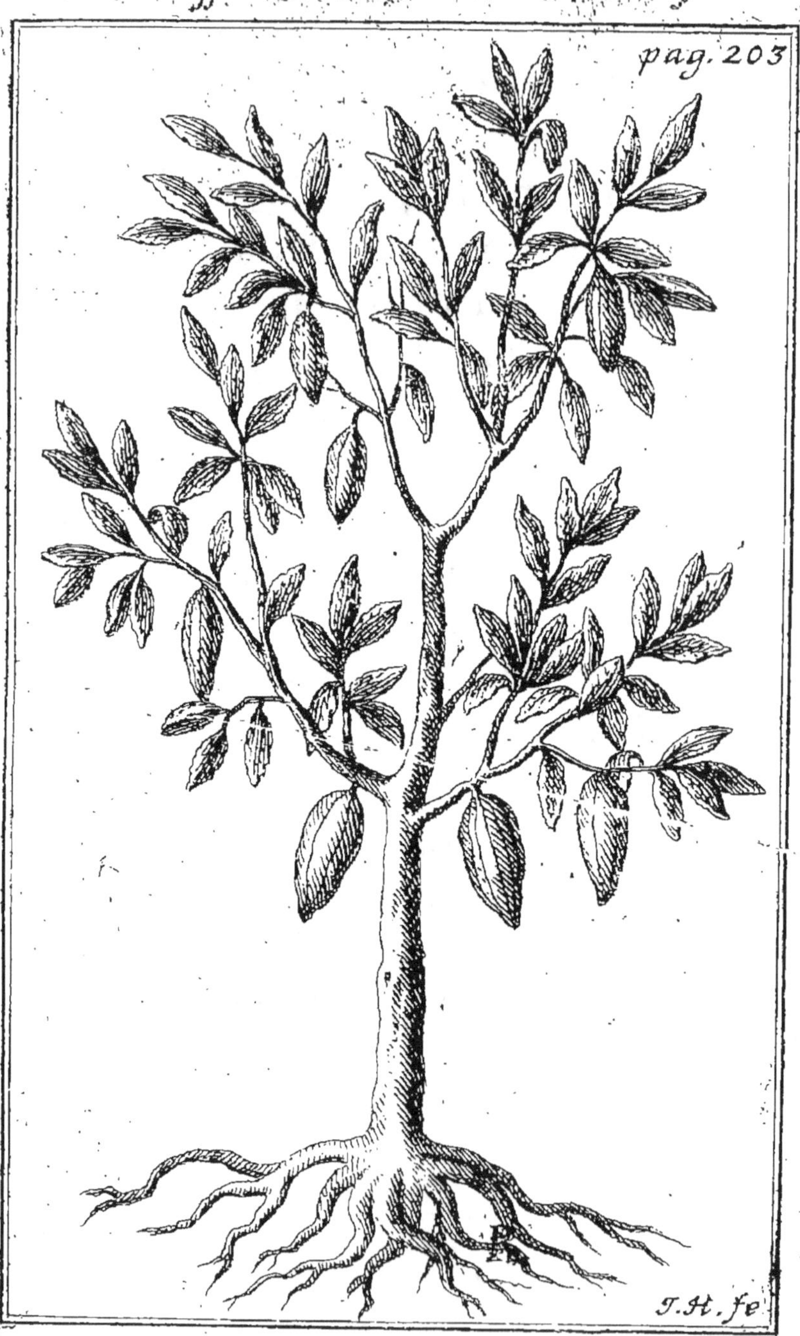

Cacaüifere ou arbre du Cacao

On cueille ce fruit un peu
vert, & lors qu'on a tiré les
Amandes de leurs écosses, on
les met secher au Soleil sur
des Nattes de Jonc pour les
rendre propres au commerce;
car dans cét état elles se peuvent conserver pendant tout
un siecle, & c'est par cette
raison, & à cause du grand
usage que les Indiens en ont
toûjours fait, qu'elles leurs
servoient en place de mon-
noye, pour negocier entre
eux les commoditez de la vie,
avant que les Europeens y
eussent introduit le luxe &
l'ambition.

Au surplus nos Voyageurs
assurent que dans les Indes,
on distingué le Cacao par
quelques differences qui se

trouvent dans sa forme &
dans sa groffeur, & en effet
on nous en apporte icy de
quatre fortes qui ne font pas
à beaucoup prés de même
qualité; ce qui engage ceux
qui veüillent faire du bon
Chocolat, d'entrer dans
quelque forte de choix & de
difcernement fur le fait du
Cacao, pour lequel on prendra des idées utiles dans l'in-
fpection de la Figure fuivante,
& principalement dans l'explication dont elle eft immediatement fuivie.

page 206.

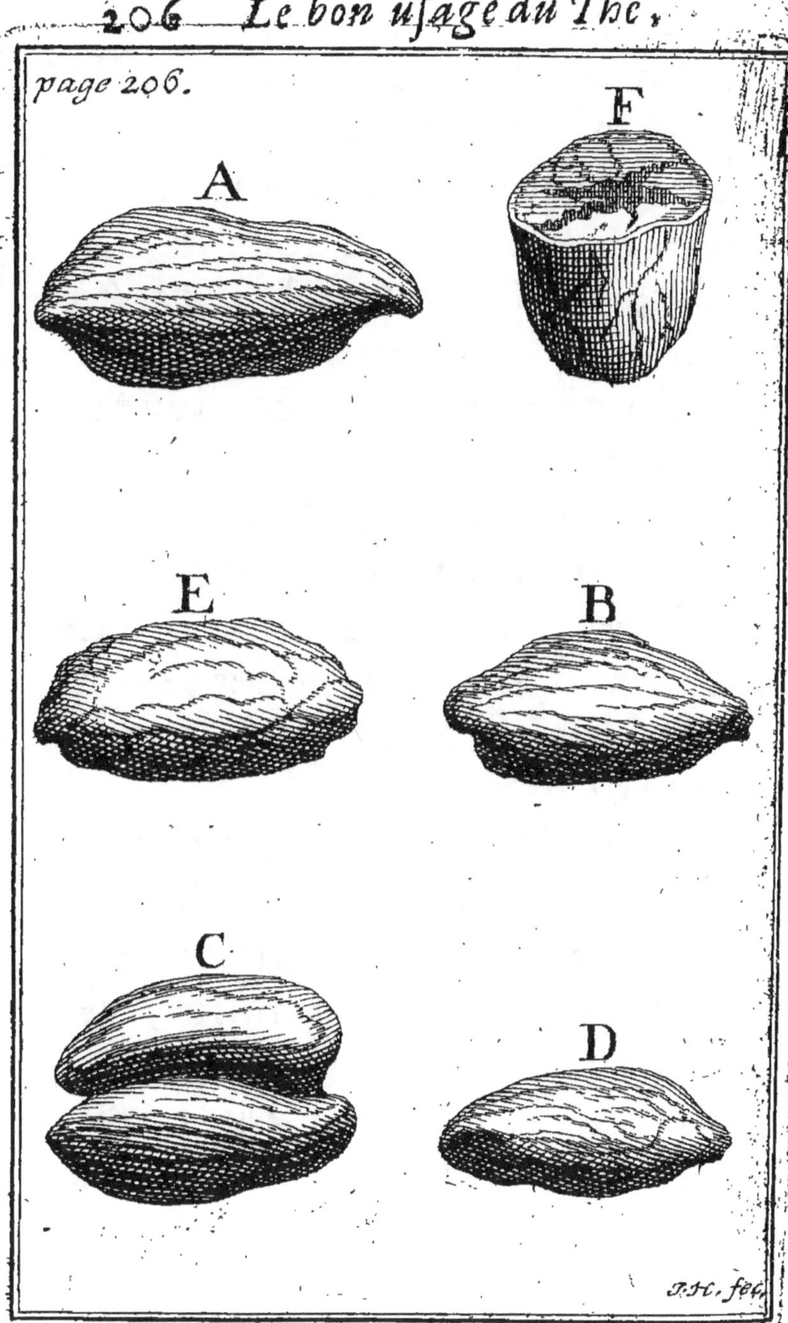

Cacao ou fruict du Cacauifere.

Pour l'intelligence de cet e Figure, il faut sçavoir que la plus grosse espéce de Cacao est presque toûjourss la meilleure. C'est celle dont le Caractere est marqué A. Les Amandes de cette sorte sont oblongues inégalés & élevées en rondeur dans le milieu de leurs deux faces. Leur pelure est d'un brun noirâtre, & méme plus solide que celle des trois autres espéces, dont celle-cy est distinguée par le nom de gros noir.

Le Cacao qui est marqué B. & qui pour avoir la même forme & la même couleur peut être nommé petit noir, se trouve quelquefois plus savoureux, quoy que généralement parlant il ne doive

R iij

être considéré que comme la
seconde espéce en bonté , sa
petitesse provenant pour l'ordinaire , de ce qu'il est venu
dans un climat moins convenable à la nature du Cacavifere , n'y ayant que la terre
de Portovello prés le Perou,
où le Cacao noir vienne fort
petit & tres savoureux.

Celuy qui est marqué C.
est encor moins bon que le petit noir commun ; mais plus
gros & meilleur que celuy qui
est marqué D. ces deux der-
nieres espéces ont leurs faces
fort applaties , & leurs pelures d'un rouge brun tirant sur
le roux ; c'est pourquoy on
les nomme coûtumierement
gros & petit rouge.

Quant à celuy qui est figu-

ré sous la marque E. c'est un
amande du gros noir dépoüil-
lée de sa pelure , pour mon-
trer que sa substance est divisée en plusieurs parcelles con-
tiguës : ce qui est encor plus
clairement demontré par la
Figure F. où l'on affecte de
la faire voir coupée transver-
sallement par le milieu.

Ce qu'on vient d'exprimer
touchant les parcelles de chaque Amande de Cacao , est
pour avoir lieu de dire que
ces Amandes sont si grasses,
qu'aprés les avoir tenuës sur
le feu dans une poële de fer,
assez long-temps pour rôtir &
pour briser leurs pelures , ces
parcelles se divisent presque
d'elles-mêmes , en sorte qu'en
remuant alors le Cacao seule-

R iiij

ment avec la main, son inte-
grité est détruite dans un moment.

Si avant cette preparation
on mange de ces parcelles de
Cacao, on trouve que leur
goût est en quelque sorte
moyen, entre celuy de nos
Amandes douces & celuy de
nos Amandes ameres ; car
n'ayant ny la douceur des
unes, ny l'amertume des autres, il ne laisse pas, d'avoir
quelque chose de cette saveur
qu'on trouve generalement
dans toutes les espéces d'A-
mandes & de Noisettes, & qui
les fait distinguer de tous les
autres fruits ; mais tout de
méme que cette saveur géné-
rale, est couverte dans toutes
les espéces particulieres d'A-

mandes & des Noifettes, d'un
goût qui eſt ſpécifique à chacune , & qui dépend de la diverſe quantité & du differend mélange de ſes principes;
le Cacao a auſſi une ſaveur â-
pre & aſtringente qui étably
ſon caractere particulier.

Il faut obſerver main-
tenant , que ſi les ſimples
qui ont de l'âpreté , ont de l'a-
ſtriction comme ceux qui
ont de l'amertume , il eſt évi-
dent que les uns & les autres
ont beaucoup de parties terreſtres & acides , & que ſi les
âpres ſont plus ſupportables à
la langue que les autres; c'eſt
parce qu'ils ont beaucoup
de particules capables d'addoucir l'action des autres Ele-
mens. Or comme entre les Ele-

mens des mixtes, il n'y a que les liquides & les étherez qui puissent faire cét addoucissement ; que le Cacao n'a rien d'aqueux , & qu'au contraire il est si gras qu'on en peut tirer par expression une considerable quantité d'huile , il faut conclurre que les particules étherées sont encor une de ses principes prédominans, & que sans ce principe il ne feroit pas distingué des amers, d'où il faut inferer la possibilité qu'il y a d'en tirer des sels febrifuges , comme je l'ay étably en parlant du Sirop de Thé qui guerit les Fievres intermittantes , puisque d'ailleurs il est si aisé d'en separer l'huile.

Il étoit facile aux Voya-

geurs qui ont écrit les premiers du Chocolat , de
reconnoître la graiſſe ſurabondante du Cacao , quand
ils n'auroient eu aucune con-
noiſſance phyſique , puis que
lors qu'on prepare cette pâte,
cet excés de graiſſe paroît
tres ſenſiblement dans la torrefaction , & dans la diſſo-
lution de cette eſpéce d'A-
mandes ; outre que cette
méme pâte étant étenduë
ſur du papier en maſſe ou en
tablettes , non ſeulement elle
prend au frais la ſolidité qui
luy eſt convenable ; mais on
remarque encore qu'on la
détache enſuite tres-facilement du papier , & qu'elle y
laiſſe même des tâches ſi graſſes , qu'aux endroits de ces

tâches , on ne le peut pas diſtinguer de celuy qui eſt huilé pour ſervir à des Chaſſis. Ajoutez que le Chocolat ainſi refroidi & ſolide ; ſe peut tres-facilement liquefier de nouveau par le feu , & même par la ſimple chaleur de la main.

Mais il n'étoit pas à beaucoup prés ſi facile , de découvrir que cette graiſſe du Cacao eſt muſilagineuſe , affoibliſſante , relâchante , & par conſequent contraire à l'Eſtomach , dont la bonne diſpoſition dépend de la vertu élaſtique de ſes fibres & de la force de ſon levain. C'eſt pourquoy ceux d'entre les premiers & les nouveaux Autheurs qui ont reconnu l'a-

bondance de la graiſſe du Cacao , ſe ſont efforcez d'établir une doctrine directement
oppoſée à cette propoſition, en
ſoûtenant que toutes eſpéces
d'huiles ſulphureuſes étant
inflammables & chaudes , il
s'enſuivoit neceſſairement que
le Cacao qui eſt fort gras , devoit auſſi être fort chaud.

Il eſt vray que quelques-
uns de ces Autheurs , & entr'autres Monſieur Sylveſtre
du Four , qui vient de mettre
la main à la plume pour la
deuxiéme fois , à deſſein de
nous apprendre la nature &
les proprietez du Chocolat,
ſemble vouloir inſinuer que
le Cacao eſt d'une qualité
temperée ; mais c'eſt ſeulement parce qu'il ſupoſe que
les parties tereſtres & froides

dont il le croit composé, cor-
rigent la chaleur potentielle
qu'il croit être essentielle à ses
parties grasses.

Mais si Mr du Four, & ceux
qui l'ont precedé dans cette
opinion, que toutes les huilles
font potentiellement chaudes,
euffent apris comme moy que
le Cacao frais cueilly eft une
efpece de poifon, & qu'ils euffent été affés bons naturaliftes
pour fçavoir la nature particuliere de chaque huile, ils auroient fans doute examiné de
plus prés celle du Cacao, puis
qu'ils n'auroient pas ignoré
qu'il y en a plufieurs de la nature que je luy attribuë, par
exemple celles qu'on tire par
expreffion des Amandes douces, de la graine de pavot
blanc, & des quatre grandes

femences froides , & ils auroient pû apprendre par quelques essais, qu'encore que ces
huiles soient inflammables par
la surabondance de leurs particules étherées, elles ne laif-
sent pas de contenir beaucoup de parties musilagineuses , & par consequent froides & relâchantes, puis qu'en
les exposant à l'humidité , ils
auroient eu le plaisir de les
voir en peu de temps reduites
en simples musilages.

Ils auroient encore pû expe-
rimenter que si toutes les huiles potentiellement chaudes
gâtent le teint des Dames, cel-
les-cy au contraire, & sur tout
celles qui sont les plus musilagineuses & les plus froides,
comme celle de la graine &

des semences que j'ay dites, luy donnent du frais, de la blancheur & de l'éclat.

Aprés cela reflêchissant sur l'usage qu'on fait à Mexique de l'huile de Cacao, où les Medecins l'ordonnent pour remedier aux inflammations & aux brûlures, & où les Dames s'en servent familierement pour l'embellissement de la peau, ils auroient du moins soupçonné qu'elle auroit bien pû être de la nature de ces huiles musilagineuses, & ils auroient incontinent passé de ce soupçon à une entiere certitude, en observant les indispositions, qui surprennent presque tous ceux d'entre nous qui font un grand usage

Chocolat;

Chocolat ; mais du moins fin-
gulierement & certainement
tous ceux qui n'y font pas
habituez dés l'enfance , &
encor tous qui ont naturellement ou accidentellement l'E-
ftomach foible.

Ce qui les auroit encore
confirmé merveilleufement
dans cette opinion , eft la facilité avec laquelle le Cacao
s'unit & fait corps avec le
Sucre fans aucun intermede,
& fans qu'il foit befoin d'autre myftere que de les écra-
fer enfembles dans un mortier , ou fur une pierre à l'ai-
de d'une mediocre chaleur,
ce qui dépend de la nature
analogique de ces ingre-
diens : car on ne peut pas
douter que le Sucre ne foit

S

fort abondant en cette espéce de graisse gluante & musilagineuse, qui est pareillement abondante dans le Cacao, & qui produit tant de
méchans effets, puis que les
personnes qui ont l'Estomach
tant soit peu foible, ne sçauroient manger une mediocre
quantité de sucreries, sans
ressentir bien-tôt une espéce
de dégoût, & quelquefois
même une indigestion considerable, ce qu'on ne peut
raisonnablement attribuer
qu'aux parties musilagineuses, relâchantes & affoiblis-
santes du Sucre; car les Phy-
siciens scholastiques se moc-
quent des gens, lors qu'ils
rapportent tous ces méchans
effets à la prétenduë chaleur

de ce mixte , puis qu'il ne fe
pourroit qu'un aliment ou
un medicament potentiel-
lement chaud ne produifit
des effets tout contraires;
outre que le Sucre n'eft que
le fel effentiel d'une efpéce
de Canne, auquel on ne peut
attribuer par confequent aucune chaleur prédominante,
comme le fçavent ceux qui
connoiffent la nature des Sels
effentiels.

Il eft vray que le blanchiment du Sucre fe fait par le
moyen de la Chaux , dont il
peut retenir quelques particules ignées, mais ces particules font tellement embarraf-
fées dans fes parties graffes &
mufilagineufes , & elles y font
proportionellement en fi pe-

tite quantité, qu'elles ne peuvent au plus qu'y faire cette
forte de correction qui luy
donne plus de fechereſſe &
plus de folidité ; en un mot
qui le rend plus fupportable
dans le Chocolat, où il entre
dans une quantité prefque
auffi confiderable que le Cacao qui en fait la baſe , & où
la Mofcoüate ou matiere du
Sucre ne convient nullement,
pour n'avoir pas été dégraiſ-
fée par le blanchiment.

Enfin ils auroient achevé
de fe convaincre de la difference eſſentielle, qui fe trouve
entre les graiſſes chaudes &
les graiſſes muſilagineuſes, par
la difficulté qu'il y a d'incorporer les unes , & la facilité
qu'on trouve à lier & amal-

gamer les autres avec l'eau
& le lait ; car de ce que la
graiſſe du Chocolat s'étend ſi
aiſément dans ces deux ſortes de liqueurs , ils au-
roient conclud abſolument
qu'elles different en nature
de la pluſpart des autres
graiſſes , & que cette difference dépend de ſes parties
muſilagineuſes, qui ſont comme un moyen entre deux ex-
trémes, & qui la rendent également analogique aux huiles
& aux ſimples liqueurs.

Sur le fondement de ces
puiſſantes conſiderations, j'ay
dû conclurre qu'il étoit abſolument neceſſaire pour faire
un Chocolat auſſi ſalubre
qu'agréable, de ſupprimer la
graiſſe ſurabondante du Ca-

cao , & j'en ay recherché le moyen avec d'autant plus de succés , que par cette souftra-ction , on ne luy ôte point la proprieté de s'amolir suffi-famment, pour être incorporé avec le Sucre, & avec les au-tres ingrediens qui entrent dans la composition de cette pâte ; mais à l'égard du Su-cre j'ay pensé que son blan-chiment étoit une correction suffisante , par cette raison, que son musilage est composé de quelques parties resineu-ses & balsamiques, qui le ren-dent moins froid & moins relâchant que celuy du Ca-cao , ce qui fait qu'il n'a ny le fade ny l'insipide de celuy-cy , qui dans le Chocolat commun , émousse & envelo-

pe les parties délicates des
parfums & des aromatiques
qui pourroient chatoüiller
plus agréablement le goût.

Au surplus cette prepara-
tion du Cacao dont je traiteray cy aprés plus particulierement, est ce qui a porté nos
Artistes à donner à leur Chocolat le surnom de dégraissé,
que les connoisseurs ont trouvé preferable à toutes autres
sortes de Chocolat, par cette
raison qu'avec un Estomach
tres foible, on en peut faire
un grand usage, sans craindre
d'en ressentir aucune incommodité, ce qui est journellement experimenté, par les personnes mêmes qui sont atteintes de toutes ces espéces de
maladies qu'on rapporte à l'indigestion.

Si on veut ajoûter à ces experiences une sorte de raisonnement , on peut dire qu'a-
prés cette correction , on est
certain que le Chocolat ne
peut être qu'un tres bon aliment; car si d'un côté il reste
quelque chose dans le Cacao
de la qualité froide & affoi-
blissante , elle est rectifiée
dans la composition de la masse, par l'addition des parfums
& des aromatiques qu'on y
fait entrer & dont il sera parlé cy aprés.

C'est pourquoy bien que le
sçavant Monsieur Bachot
n'aye avancé que par forme
de problême, dans la fameu-
se Thése qui fut soûtenuë
sous sa présidence le 25. Mars
1684. que le Chocolat bien
preparé

preparé eſt une ſi noble confection, qu'elle eſt plûtôt que
le Nectar & l'Ambroſie, la
vraye nourriture des Dieux,
& qu'elle meritoit mieux
d'être diviniſée, que les cham-
pignons de l'Empereur Clau-
dius. J'oſe préſumer qu'il
ſoûtiendra deformais tres af-
firmativement cette Theſe,
lors qu'il jugera à propos de
conſeiller à ceux dont il diri-
ge la façon de vivre, l'uſage
du Chocolat dégraiſſé.

T

CHAPITRE III.

Des ingrediens que les Ameri-
cains ajoûtoient au Sucre &
au Cacao, dans la compofition
de leur Chocolat, avant la dé-
couverte de leur continent.

LEs ingrediens dont je
dois parler dans ce Cha-
pitre ne fe trouvent point
chés nos Droguiftes, & quand
on les pourroit trouver icy,
je ne penfe pas que perfonne
les voulût faire entrer dans la
compofition du Chocolat, celuy des Indiens où on les fait
entrer, n'ayant rien qui puiffe flâtter nôtre goût; c'eft dequoy je puis rendre un témoi-
gnage certain, ayant eu plu-

fieurs fois occafion d'en goû-
ter, & l'ayant toûjours trouvé fade & mal plaifant.

Cependant plufieurs con-
fiderations m'engagent à faire connoître quels font ces
ingrediens, & dans quelle
dofe ils entrent dans cette
forte de Chocolat. La premiere & la plus forte de ces
confiderations, eft que les
curieux qui veulent tout fçavoir, feront bien aife d'en
avoir au moins une defcription abregée; mais je fçay
d'ailleurs que ce traté pourra être porté aux Indes, &
que les goûts font fi differends en fait de Chocolat,
qu'il fe pourroit faire que
cette defcription y feroit de
quelque ufage, parmy quel-
T ij

ques-uns des François qui s'y
font établis.

L'Achiote qui eſt un de ces
ingrediens , eſt le ſuc épaiſſi
qu'on tire du fruit de l'A-
chiote Arbre fruitier de l'A-
merique. Ce fruit eſt une
graine rouge qui ſe trouve
en grande quantité dans de
groſſes gouſſes rondes. Quand
on a tiré cette graine de ces
gouſſes , on la pile & on l'exprime à la preſſe, pour en tirer
le ſuc , qu'on expoſe enſuite
dans un lieu chaud pour en
faire en évaporer l'humidité,
& quand il eſt épaiſſi à peu
près comme la pâte , on
en forme des maſſes de differentes formes , qui étant entierement deſſechées font proprement ce qu'on appelle A-
chiote.

On dit que les Medecins de Mexique, l'ordonnent aſſez ordinairement dans la difficulté de reſpirer , dans la Fiévre , dans la diſſenterie, dans la ſuppreſſion d'urine , & generalement dans toutes les eſpéces de maladies qui dépendent de l'obſtruction des viſceres ; ce qui me fait juger qu'il doit avoir une legere amertume & une conſiderable acidité , neanmoins les Indiens le mettent en ſi petite doſe dans leur Chocolat, qu'il ſemble que ce ne ſoit qu'à deſſein de luy donner la couleur rouge.

Les Amandes du Cocos ou palmier des Indes y entrent auſſi en petite quantité. Elles ſont beaucoup plus groſſes &

plus savoureuses que nos A-
mandes. On s'en sert à Mexique dans la confection
des Massepains, des Maca-
rons, & des gateaux d'Amandes. On les fait griller avec le
Cacao pour exalter leurs parties grasses, & les déterminer
à faire corps avec les autres
ingrediens. Elles sont fort
abondantes en ce principe. On
fait de leurs écosses les tasses
ou gobelets de Cocos, qui
servent assez coutumierement
dans toute l'Amerique à boire
le Chocolat.

Les Noisettes Americaines
sont aussi du nombre de ces ingrediens, & on les fait griller,
comme il vient d'être dit des
Amandes ; quoy qu'elles ne
soient pas si grasses : C'est

pourquoy elles font reſſentir un peu d'âpreté ſur la langue comme nos Châtaignes encor vertes , dont elles ont à peu prés la groſſeur , la figure & l'aſtriction ; ce qui fait qu'-elles fortifient l'eſtomach , & qu'elles reſiſtent aux vapeurs hypocondriaques.

Il eſt certain que le Mays entre dans le Chocolat In-dien en aſſez forte doſe , mais comme c'eſt une eſpéce de bled , dont la farine ne peut point rendre ſavoureuſe une pâte qui ne ſe fermente point, j'eſtime avec quelques Au-teurs qu'il n'eſt ajoûté à cette pâte que par œconomie , ou par maniere de ſophiſtica-tion.

Un Autheur François aſſu-

re que le Mays n'est point
differend du bled de Tur-
quie ; mais je ne sçaurois
être de son sentiment , puisque ce bled est toûjours d'un
fort beau jaune, & qu'on sçait
au contraire non feulement
que le Mays ne tire jamais fur
cette couleur , mais qu'il va-
rie même en toutes couleurs,
fes épics étant quelquefois
noirs , & d'autres fois pour-
prez , bleus , & même bigarrez
de toutes ces differentes couleurs. Au furplus c'est une
forte bled avec lequel on peut
faire d'affez bon pain , & avec
lequel on faifoit une Tizanne pour toutes efpéces de maladies , avant que les Medecins de Mexique euffent inventé l'Atolle, qui est une au-

tre efpéce de Boiffon tempe-
rante & def-obftruante.

La Fleur d'Orejevala en-
tre pareillement dans la pâte
indienne du Chocolat. Elle eft
ainfi nommée à caufe que fa
forme a quelque rapport à
celle de l'oreille. Elle eft
pourprée au dedans & ver-
dâtre au dehors. Son odeur eft
plaifante. Elle vient fur un
arbriffeau que les Americains
appellent *Xuchimacutzli*, ou
Huchmacutzli. Pour être in-
corporée avec les autres ingrediens, elle doit être fechée
à l'ombre & enfuite pulveri-
fée.

Voicy maintenant la dé-
fcription d'une efpece de
Chocolat indien, par où j'a-
cheveray de fatisfaire à la cu-

riosité des personnes en faveur desquelles j'ay dû com-
poser ce chapitre.

Prenez deux livres de Ca-
cao grillé & mondé de ses
pellicules, quatre onces d'A-
mandes, & pareille quantité
de Noisettes indiennes grillées & mondées comme le Cacao, six onces de Mays, trois
onces d'Orejevala, une once
d'Achiote, & deux livres de
Moscouate ou matiere du Sucre, pour former de tout une
masse de Chocolat; suivant la
methode qui sera cy aprés
décrite.

Cette description m'a été
donnée par Monsieur le Gras,
qui a tres-long-temps voyagé
& sejourné dans toutes les
principales regions du conti-

nent de l'Amerique ; où il a
eu soin de s'instruire sur l'Histoire du Chocolat, dont il m'a
fait la grace de me communiquer les principales circon-
stances.

CHAPITRE IV.

De la reformation du Formulaire
des Indien touchant la com-
position du Chocolat.

LEs Espagnols ayant pris
racine dans les Indes , &
ayant pourvû au necessaire &
à l'utile, ils se mirent en devoir
de rechercher le voluptueux,
ce qui leur fit découvrir qu'u-
ne certaine plante de la nouvelle Espagne, produisoit une
gousse fort aromatique qu'ils

destinerent à la confection du Chocolat, à laquelle elle ajoûta en effet beaucoup d'a-grément, ce qui leur donna lieu d'en supprimer les ingrediens dont il a esté parlé dans le chapitre precedent, si bien qu'ils ne composerent plus leur Chocolat qu'avec cette gousse, le Sucre & le Cacao y ajoûtant seulement un peu de Poivre d'Inde.

La Plante dont dont je veux parler, étoit nommée par les Indiens Tlixochitl, & ses gousses Mecasulhil. C'est une Herbe qui rampe le long des Arbres, & qui a les feüilles semblables à celles du Plantain, mais plus longues & plus épaisses ; du reste elle ressemble assez bien à celle qui produit nos Aricots. Les Espagnols la nommerent ,Campêche. Je ne sçay par quelle raison, mais ils donnerent à ses gousses le nom de Vanilles , à cause que *Vanilla* en leur Langue signifie petite gaine ; & en effet si elles sont considerablement longues, elles sont aussi fort étroites. Elles renferment une sorte de grains tres menus , mêlez avec une espece de Pulpe noirâtre balsamique & tres odorante, ce qui fait qu'elles rendent le Chocolat tres savoureux , & qu'elles luy communiquent des proprietez admirables contre la pluspart des maladies de la poitrine , & contre les venefices & poisons ; c'est pourquoy on dit ordinaire-

ment que la poudre de Va-
nille est l'ame du Chocolat,
& en effet celuy qui est preparé par les trompeurs sans
Vanilles, est à mon sens une
assez méchante Boisson.

Monsieur Ouel qui a beau-
coup de terres & d'effets dans
les Isles, où l'on fait un grand
usage du Chocolat, a sceu par
le rapport de quelques Espagnols Mexicains, que les Vanilles vertes ne sentent rien,
& qu'elles ne deviennent odorantes que par une preparation
secrette.

A l'égard du Poivre de
Mexique, c'est le Poivre de
Tabasco, que les Espagnols
nomment Chilli, & que nous
appellons Poivre d'Inde, ou
Poivre rouge, parce qu'en

effet ses gousses qui sont rondes vers la queuë & pointuës
à l'autre extremité, sont d'un
assez beau rouge. La pointe
qu'elles donnent au Chocolat,
accommode mieux le goût des
Espagnols que le nôtre ; c'est
pourquoy il est assez rare
qu'on en mette dans nôtre
Chocolat : cependant il est
quelques François qui aiment
cette saveur âcre & picquan-
te, & qui par cette raison pre-
ferent le Chocolat qu'on fait
venir d'Espagne , & dans lequel le goût de ce Poivre se
fait toûjours remarquer.

Voicy maintenant quel étoit
le Formulaire de cette pâte,
avant que les Espagnols y eussent ajoûté les parfums & les
aromatiques dont il sera parlé cy aprés.

Prenez quatre livres de Cacao preparé comme il a été dit , trois livres de Sucre, dix-huit Vanilles , & quinze grains de Poivre d'Inde, pour faire du tout une masse de pâte suivant la methode.

Lors que le commerce fut assez bien étably entre les deux continens , pour que les Habitans de la nouvelle Espagne, pussent tirer de celuy-cy toutes especes de commoditez , ils ne manquerent pas d'en tirer la canelle & les Gerofles , qu'ils ajoûterent bien-tôt aprés à la confection du Chocolat. Il y a peu de gens qui ne sçachent que la canelle est l'écorce d'un Arbre sauvage , qui vient sans culture en divers endroits des

Indes

Indes Orientales, & particu-
culierement dans les Ifles de
Java, de Malavar & de Zeïlan,
& l'on fçait encor quelle eft
fort odorante , & fort agreable au goût ; c'eft pourquoy
elle eft comme tous les autres
aromatiques cordiale , ftoma-
chique & diûretique.

Il en eft de même des Gerofles , qui font les fruits, ou felon quelques-uns les fleurs
d'un Arbre qui croît aux Ifles des Moluques; mais ils ont
cela de plus que la canelle,
qu'ils abondent en une huile
tres odorante & tres fpiri-
tueufe , qui fe détachent tres
facilement de leurs parties
terreftres , & qui donne une
vertu cordiale & balfamique
à toutes les compofitions où
V

ils entrent. Au surplus, ils
sont trop connus dans le do-
mestique, pour qu'il soit necessaire d'en parler icy plus
particulierement, mais je ne
dois pas obmettre, de raporter le Formulaire qu'on suivit
dans la nouvelle Espagne,
aprés que ces drogues y eu-
rent été negociées.

Prenez quatre livres de Cacao preparé, trois livres de
Sucre, quatre Vanilles, deux
dragmes de canelle, huit Gerofles, & dix grains de Poivre
d'Inde.

Le Musc & l'Ambre gris ne
furent pas long-tems sans être
de la partie. Le Musc est la matiere d'une tumeur, qui se forme tres souvent au nombril
d'un animal du même nom, qui

est assez semblable à un Che-
vreüil. Cét animal qu'on voit
au Royaume de Pegu dans les
Indes, ne se repaist ordinairement que d'Herbes aromatiques, d'où vient que cette
matiere excrementeuse étant
hors de cette tumeur, & exposée aux rayons du Soleil,
devient un parfum tres suave, qui est tout ensemble cephalique, cordial & stoma-
chique. L'Ambre gris est un
Bitume qui découle de quelques fontaines dans la mer,
où il se condense, & d'où il
est jetté à bord, principalement sur le rivage des Isles
Maldives, où il est digeré &
exalté par la chaleur du Soleil. C'est le plus suave & le
plus precieux de tous nos par-

V ij

fums, & par consequent celuy qui a dans un plus émi-
nent degré les qualitez que je
viens de dire. On verra par le
Formulaire qui suit, le chan-
gement que fit au deuxiéme,
l'addition de ces deux parfums.

Prenez quatre livres de **Ca**-
cao preparé , trois livres de
Sucre, douze Vanilles , une
dragme de canelle, six Gerofles , huit grains de Poivre
d'Inde , six grains d'Ambre,
& trois grains de Musc, pour
former la masse suivant la methode.

Cette derniere description
est celle qui est la plus ordinairement suivie parmy nous,
à cela prés que la plufpart des
gens en suppriment le Poivre

d'Inde, & que les plus déli-
cats substituent à la canelle le
Cassia lignea, qui est une autre
écorce qui se tire des mêmes
lieux que la canelle, & qui n'en
est presque point differente
quant à la forme ; mais qui a
plus de délicatesse pour l'odorat & pour le goût, ayant même cette proprieté, qu'étant
tenuë bien long-temps dans la
bouche, elle s'y reduit entierement en une espece de musilage.

Il se trouve encor beau-
coup d'autres formulaires entre les mains de divers particuliers, mais qui ne different
de celuy cy, ny entr'eux mêmes, que dans la diversité des
doses de la Vanille, de l'Ambre & du Musc, à cela prés

neanmoins, que quelques-uns
ajoûtent aux ingrediens dont
je viens de parler , quelques
grains de Cardamome, ou une
tres-petite quantité de Gin-
genbre, deux autres espéces de
drogues Aromatiques , ayant
les vertus tant de fois repetées,
dont chacun peut faire tel usage que bon luy semblera par
rapport à son goût , qui seul
doit être consulté, lors qu'il
s'agit du choix & des doses
des parfums & des Aromatiques, qu'on veut faire entrer
dans la composition du Chocolat , ayant tous à peu prés
les mêmes proprietez.

Je ne sçaurois être nean-
moins du sentiment d'un
Comte Espagnol, qui veut que
pour faire du bon Chocolat,

on doive entierement supprimer la Vanille, & augmenter
les doses de l'Ambre & du
Musc ; car quand il seroit vray
comme il nous l'assure, que la
Vanille seroit méprisée dans
la nouvelle Espagne, pour être
nommée le parfum des pau-
vres, ce mépris ne viendroit
à mon sens, que de ce qu'elle
y seroit trop commune, & cela ne m'empêcheroit pas de la
nommer icy le parfum des Riches, parce qu'elle y est fort
chere, & qu'elle a d'ailleurs
des qualitez qu'on ne sçauroit
trop estimer.

CHAPITRE V.

De la composition du Chocolat.

COmme on fait ordinairement une considerable quantité de Chocolat à la fois, & qu'il est bon que cette confection qui est assez longue, s'acheve neanmoins en un même jour, il est à propos aussi que deux personnes y travaillent concurremment ; car tandis que l'une s'occupe à preparer le Cacao, l'autre pulverise les parfums & les aromatiques.

Pour faire le Chocolat ordinaire, la preparation du Cacao ne consiste qu'à le griller en la maniere que je diray

diray bien-tôt : mais pour faire un Chocolat dont l'ufage
ne puiffe avoir aucune mau-
vaife fuitte, il y a un peu plus
de miftere , puifqu'il s'agit
d'extraire du Cacao, la quantité furabondante de fon huile froide & mufilagineufe ,
fans neanmoins luy ôter ce-
qu'il en doit avoir pour être
favoureux, & pour faire corps
avec le fucre. Je découvriray
incontinent la façon d'y proceder, mais pour ne point for-
tir de l'ordre que je me fuis
propofé, je dois dire auparavant en quoy confifte la premiere preparation du Cacao.

Pour y proceder, il faut al-
lumer un bon feu de char-
bons dans un fourneau , &
placer enfuite fur le four-

X

neau une baſſine de fer ou de cuivre eſtamé, d'une capacité ſuffiſante pour contenir au large trois ou au plus quatre livre de Cacao , qu'on fera griller dans cette baſſine juſqu'à ce que ſa pelure le quitte aiſement , obſervant de le remuer continuellement avec une eſcumoire à confiures ou autre pareil inſtrument , afin que toutes les Amandes ſoient également grillées ; puis ayant étendu une petite nappe ſur le plancher , vous jetterés deſſus vôtre Cacao ainſi grillé ; & l'ayant recouvert avec une partie de la même Nappe, vous le remuerés avec les mains juſqu'à ce que toutes les pelures ſoient briſées, aprés quoy en le ſecoüant

dans une baſſine, comme on
fait le grain dans un Van,
pour en ſeparer toutes les pelures qui voltigent & qui
tombent par ce moyen, vous
le grillerés de nouveau, juſqu'à ce que ſon huile ſoit
ſuffiſamment exaltée, ce qu'on
connoiſtra lors qu'il ſera autant grillé qu'il le peut être
ſans tenir le moins du monde du brulé, alors en ache-
vant de detruire ſon integri-
té avec un inſtrument de fer,
& en liquifiant la graiſſe avec
une mediocre chaleur, on le
reduira en forme de pâte; à
l'effet de quoy pluſieurs
échauffent le fond d'un mortier de Bronze & l'un des
bouts de ſon pilon, & pilent
le Cacao dans ce mortier,

X ij

duquel ils entretiennent la
chaleur par le moyen d'un
fourneau qui luy sert de pied;
mais la plus ordinaire & la
meilleure façon d'y proceder,
est de l'écraser comme font
les Indiens avec un rouleau
de fer, sur une pierre dure &
applatie qu'ils nomment me-
tate ou matatl & que nous appellons pierre à Chocolat,
échauffant pareillement cette
pierre avec un brasier qu'on
met dessous un peu auparavãt,
& qu'on y entretient autant
qu'il est necessaire. La figure
qui suit represente la posture
dans laquelle on doit être
pour cette operation, aussi
bien que le brasier, le rouleau & la pierre.

pag. 247

X iij

Posture d'un homme faissant la paste
de Chocolat

J'ay dit que cette pierre devoit être dure, & j'ay eu grande raison de le faire, car il se detache de la pierre de taille commune, des parcelles qui s'in corporent avec la pâte, & qui étant avalées avec le reste, font un embarras dans les reins, qui peut être la causes des obstructions des vreteres, & par consequent des coliques Nephretiques & de la generation des pierres; cependant les Marchands qui n'ont en vuë que leurs propres interests, ne se servent jamais de pierres dures, non seulement par ce qu'elles sont beaucoup plus cheres que les autres; mais encore par ce qu'estant échauffées elles se cassent beaucoup plus

facilement. Jediray comment
on se peut garantir des differentes surprifes de ces Mar-
chans en parlant du choix du
chocolat.

Pour paffer maintenant à
la maniere de dégraiffer le Cacao, il faut aprés qu'il a été
ainfi liquefié , le mettre dans
un fac de toile neuve & plei-
ne, dont l'embouchure fera
en fuitte exactement confuë,
puis ayant mis une feüille de
fer blanc un peu plus que mediocrement chauffée , fur le
fond du preffoir qui eft re-
prefenté à la page 253. &
par deffus cette feüille un
quarré de papier gris , on pla-
cera fur ce quarré le fac contenant le Cacao , qui aura été
coupé à peu pres de la même

grandeur ; puis l'ayant enco‑
re recouvert d'un quarré de
papier, & ensuitte d'une feüil‑
le chaude, de fer blanc, on
imposera sur cette feüille la
table superieure du presloir,
que l'on contraindra à expri‑
mer le Cacao, par quelques
tours de viz , pendant quoy
on aura prés du feu deux
autres feüilles de fer blanc,
qui feront mifés en la place
de ces premieres avec deux
nouveaux quarrés de papier,
dés qu'on jugera que les
deux autres feront autant
chargés qu'il eft poffible de
la graifle du Cacao, ce qu'on
repetra jufqu'à dix ou douze
fois, felon que le Cacao aura
paru plus ou moins gras.

On pourra s'affurer alors

qu'il fera autant dégraiffé qu'il le doit être pour n'avoir aucunes mauvaifes qualités, & qu'il aura neanmoins encore la jufte confiftance qu'il doit avoir, pour s'unir intimement avec le fucre, & avec les autres ingrediens de la pâte, qui fera beaucoup plus favoureufe que celle du Chocolat ordinaire.

On pourroit encore degraiffer le Cacao de deux autres manieres, favoir en diftillant *per decenfum* fa graife furabondante, comme on fait quelquefois celle des Gerofles, & encore en le mettant dans une baffine aprés qu'il eft broyé, avec de l'efprit de vin auquel on mettroit le feu, & qu'on agiteroit en remuant le Cacao avec un instrument de fer, jusques à ce qu'il soit entierement consommé : mais j'ay connu par experience que la methode precedente est de beaucoup preferable. Je travaille neanmoins à encherir sur cette methode, & je fais pour cela des épreuves qui auront apparemment un prompt succez, au moyen de la nouvelle Machine dont j'ay promis de donner la description à la fin de cet ouvrage ; mais sur laquelle je n'ay encore pû faire toutes les experiences que je me suis proposées, à cause des autres Machines que j'ay mises cét Esté en état d'étre publiées.

Presoir seruánt a degraisser le Cacao.

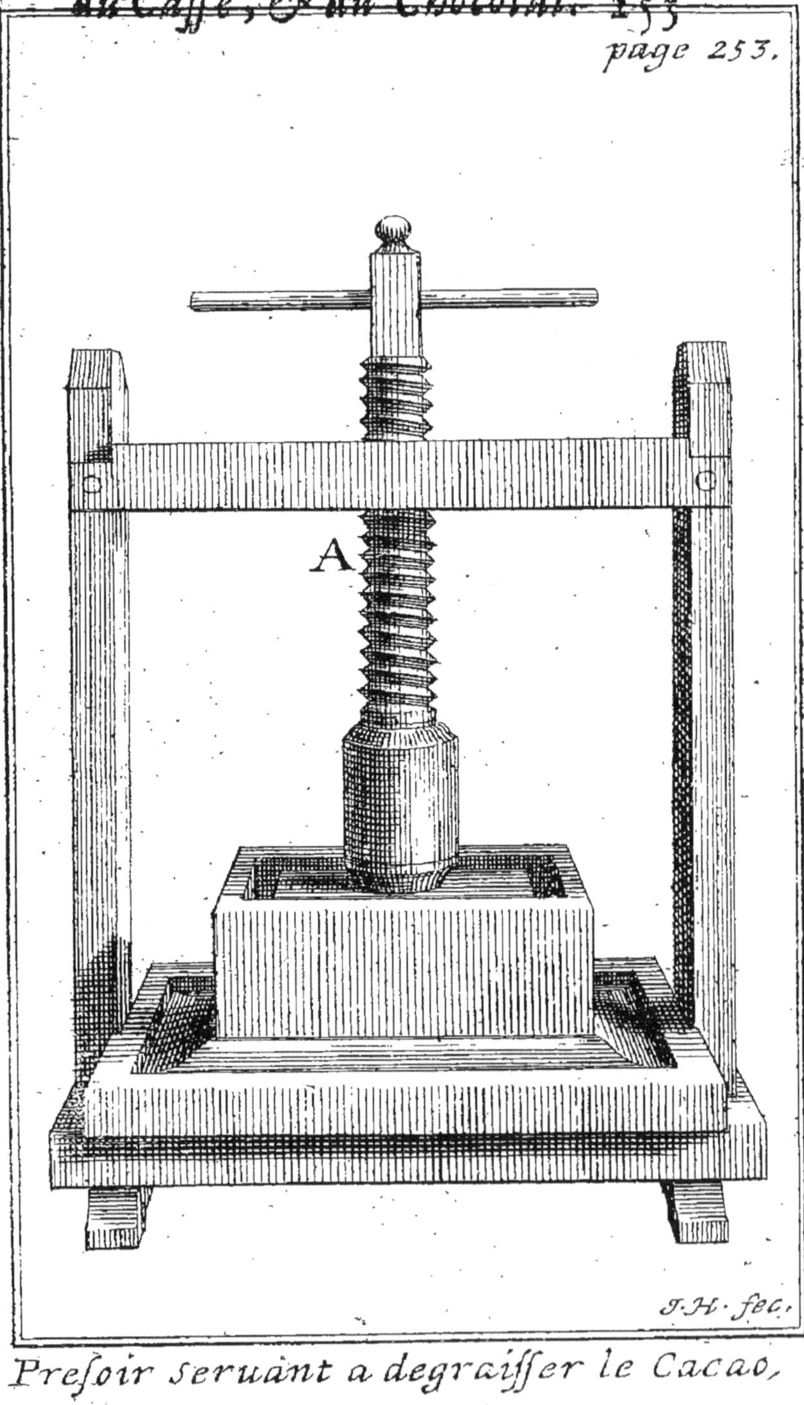

Pour donner maintenant des inftructions fuffifantes fur les autres circonftances de la pâte de Chocolat. Je dois dire que le Cacao ainfi dégraiffé, doit être mis de nouveau fur la pierre, & en fuitte incorporé avec le fucre, qui doit être à cet effet auparavant pulverifé & paffé par un tamis tres-fin, bien que dans la methode commune on fe contente de le concaffer groffierement, ce qui empêche qu'il ne s'uniffe avec le Cacao auffi intimement qu'il eft a fouhaitter, d'où vient que le Chocolat ordinaire, à quelque chofe de rude fur la langue lors qu'on le mange en tablettes.

Il faut encore remarquer que le fucre & le Cacao doi-

vent être parfaitement incorporés enfembles , avant que
d'y ajoûter les parfums & les
Aromatiques , qui ne pourroient être long-temps agitez
fur la pierre chaude , fans
perdre beaucoup de leurs parties odorantes & favoureufes,
ce qui fe fait plus ou moins
facilement, felon que ces parties font plus ou moins delicates & fubtiles ; c'eft pourquoy
l'ambre & le mufc doivent
être pulverifés à part , afin
de n'être ajoûtez à la maffe,
qu'aprés y avoir fait entrer
la Vanille, la Canelle, & tous
les autres aromatiques , qu'il
eft bon de pulverifer enfembles , par cette raifon que
ceux qui font fort fecs , facilitent la divifion de ceux qui

ont de l'humidité comme la Vanille, ou de l'huille, comme les Gerofles, ce qui ne suffiroit pas neanmoins pour les disposer à passer par le tamis de soye (comme on le doit faire) si on n'adjoûtoit au tout quelques morceaux de sucre à diverses reprises, ce qu'on doit encore observer en pulverisant le musc & l'ambre, quoyque ces parfums ne doivent pas être tamisés pour n'en pas perdre beaucoup de parties.

Il est a remarquer que le Chocolat, où l'on fait entrer l'ambre & le musc, est ordinairement insupportable aux personnes qui sont sujettes aux vapeurs, mais qu'aussi sans ces parfums, on peut faire une

forte de Chocolat fort agreable, feulement en augman-
tant le nombre des Vanilles,
fur lefquelles on doit avoir
d'autant moins de menage-
ment, qu'elles contribuent
beaucoup aux proprietés du
Chocolat dégraiffé, c'eft ainfi
que nos artiftes ont nommé
celuy dont je viens d'enfei-
gner la preparation, & auquel on peut donner indifferemment la forme de tablettes, celle de rouleaux, ou
celle de Maffes.

Pour faire les tablettes, on
met a certaines diftances fur
des feüilles de papier blanc,
des morceaux de la pâte encore chaude, plus ou moins
gros, felon qu'on veut que
les tablettes foient plus ou

moins grandes , & pour les former ou agite seulement ces feüilles, en les contournant & en les secoüant avec les deux mains , en sorte que la pâte s'estende suffisamment. Pour donner la forme à un rouleau , il ne faut que prendre une demie livre de cette pâte, & l'ayant mise au milieu d'une demie feüille de papier , en prendre les deux marges, & en l'agitant autant qu'il est besoin, contraindre cette masse a s'etendre en longueur ; Enfin pour faire des masses quarrées de differents poids, il ne faut qu'emplir de cette même pâte, des moules de fer blanc tenant justement une livre, une demie livre, ou tels autres poids que l'on veut.

CHA

CHAPITRE VI.

De la sophistication , du choix,
de la conservation , & du prix
du Chocolat.

S'il y a quelque chose dans
le Chocolat ordinaire, qui
puisse corriger en quelque sorte les mauvaises qualités du
Cacao non dégraissé , c'est
principalement le sucre & la
Vanille ; cependant j'ay dé-
couvert que les trompeurs preparent leurs Chocolat avec
la moscovate , c'est-à-dire
avec la simple matiere du sucre qui contient encore tout
son musilage, pour n'avoir pas
passé par le blanchiment, où
cette qualité vicieuse reçoit

Y

quelque correction , & cela
parce que cette matiere leur
coute la moitié moins que le
sucre. Ils font pis encore ;
car ils en suppriment non
seulement l'Ambre & le musc,
mais même les Vanilles , par
cette raison quelles coustent
au moins six sols la piéce, &
même dans les temps où elles
font un peu plus rares , jusques à dix ou douze sols, &
que neanmoins pour faire sans
musc ny Ambre un Chocolat
d'une passable sorte, il en faut
au moins deux ou trois pour
chaque livre.

On peut bien juger que
pour substituer les Vanilles,
ils augmentent considerablement la dose de la Canelle,
dont la quantité excedante

doit neceſſairement produire
de méchans effets; mais tout
cela ne ſeroit rien, s'ils ne
portoient leur ſophiſtication
& leurs tromperie juſqu'à
cét excez, de preferer le plus
petit Cacao, & d'en augmenter la quantité par de vielles
amandes, ou même d'ajoûter
à leur confection, une conſiderable quantité de la pâte
des Faiſeur de pains d'Eſpices,
ce qui fait un ſalmigondys
d'autant plus malfaiſant, que
la poitrine & le ventre ſont
tout enſemble irritez & trou-
blez par l'action de la Canelle, des épiceries & du miel de
cette pâte, ce qui eſt toûjours
ſuivy de diverſes indiſpoſi-
tions, qui ne tirent que trop
ſouvent à de dangereuſes con-
ſequences.   Y ij

C'est pourquoy lors qu'il s'agit de choisir du Chocolat, il faut bien s'appliquer à distinguer par l'odorat & par le goût, l'odeur & la saveur des veritables & des faux ingrediens, connoissance que je ne saurois communiquer, & qu'on ne peut acquerir que par une espéce d'habitude.

Mais il est bien plus facile de connoistre le Chocolat qui est trop vieux fait, ou qui a été mal-conservé, puisqu'il a ordinairement une espéce de moisissure à sa superficie, & qu'en le flairant on decouvre une odeur qui tient de l'aigre & du rance.

Après tout, on ne peut bien être assuré de la bonté du

Chocolat qu'en le faifant
preparer chez foy , ou en
n'etabliffant fa confiance, que
fur la fidelité de perfonnes
finceres & bien connuës. Je
puis affurer neanmoins que
fans avoir aucun commerce
avec nos Artiftes , on peut en
tirer d'eux fans craindre d'ê-
tre trompé , puifqu'ils le preparent toûjours dans les conferences publiques, que nous
tenons tous les vendredys depuis quinze années pour l'e-
dification de la medecine ;
mais de quelques perfonnes
fidelles qu'on le puiffe prendre, on ne doit pas chercher
le bon marché lors qu'on le
veut avoir excellent , puifque
fes differends degrés de bonté, dépendent principalement

des diverses doses de l'Ambre du musc & de la vanille, qui sont des drogues assés cheres pour n'en pouvoir augmenter la quantité dans le Chocolat, sans en rehausser le prix, c'est pourquoy je n'estime pas que le meilleur puisse être donné à moins de six francs la livre, celuy du second ordre à cent sols, celuy du troisieme ordre à quatre francs, & enfin celuy qui est simplement passable à un escu.

Au reste soit qu'on le fasse preparer chez soy, soit qu'on le tire d'ailleurs, on ne doit s'en approvisioner au plus que pour une consommation de deux ans, puisque même avant l'escheance de ce ter-

me, il commence a degene-
rer, ce qui se fait plutôt ou
plus tard, selon qu'il est bien
ou mal conservé, c'est pourquoy pour prevenir cet inconvenient autant qu'il est
possible, il faut l'envelopper
dans du papier gris, le mettre ainsi enveloppé dans une
boëte, & placer cette boëte
dans une armoire qui soit en
lieu sec.

CHAPITRE VII.

De la Boison ou Breuvage de Chocolat.

LA plus ordinaire & la plus
agreables façon de pren-
dre le Chocolat est en boisson. Pour preparer cette bois-

ſon on ſe ſert coutumierement
de vaiſſeaux ſemblables aux
Caffetieres, avec cette ſeule
difference que celles qui doivent ſervir au Chocolat, &
qu'on nomme pour cette raiſon Chocolatieres ont un trou
dans le milieu de leurs cou-
vercles, pour paſſer le manche du moulinet dont-il ſera
bien-tôt parlé, ce qui eſt
neanmoins d'autant plus inutile, qu'il n'eſt ny neceſſaire
ny commode, de tenir la Chocolatiere couverte pendant
qu'on ſe ſert de ce moulinet;
au reſte ſoit que la Chocolatiere ſoit trouée ſoit qu'elle
ne le ſoit pas, il ſuffit pour
faire le breuvage dont il s'a-
git, d'y mettre une quantité
d'eau proportionnelle au nombre

bre des prifes qu'on veut preparer , & l'ayant mife devant
le feu, d'y ajouter pour chaque
prife au moment qu'elle commence à boüillir, les deux
tiers d'une once de Chocolat
rappé ou decouppé, & pareille quantite de fucre , pour
laiffer boüillir le tout environ
durant un demy quart d'heure.

Il eft a remarquer qu'il ne
faut point mettre de fucre
avec le Chocolat ; lors qu'on
veut mettre en ufage le Sirop
de vanilles, parce qu'il donne feul à ce Breuvage, toute
la douceur & tout l'agréement qu'on peut fouhaitter,
en le mettant dans chaque
chique à la quantité d'une
cuëillerée, aprés-y avoir ver-

sé la liqueur de Chocolat, sur laquelle on peut se dispen-ser de faire agir le moulinet lors qu'on la veut preparer de cette sorte , ce Sirop la rendant assez agreable, sans qu'il soit necessaire de la fai-re mousser.

Mais au contraire étant preparée avec le sucre elle seroit mal plaisante, si avant de la verser dans les chiques, elle n'avoit été asses long-temps agitée avec le moulinet, qui est une petite sorte de masse de boüis dont la tête est diversement cizelée , & dont le manche ou batonnet est assez long par rapport à la grosseur de la tête , qui doit remplir presque toute l'embouchure de la Chocola-

tiere, afin d'être autant maffi-
ve qu'il le faut, pour donner beaucoup de mouvement
à la liqueur, en contournant
le batonnet dans la palme des
mains, puifque c'eft par ces
mouvemens, que les parties de
l'air s'infinuent dans la liqueur, & qu'elles la rarefient
& la mouffent, comme il arrive
lors qu'on prepare la crefme
fouëttée.

Lors qu'avec le moulinet on
veut bien faire mouffer le
brevage de Chocolat, il faut
que par proportion à la quantité de la liqueur, fa maffe foit
de telle hauteur, que fans
toucher au fond de la Chocolatiere, dont elle doit être
eloignée d'un demy travers de
doigt, elle ne laiffe pas d'être

Z ij

entierement noyée dans la liqueur, car si la partie superieure en excede la hauteur,
la mousse ne se fait qu'impar-
faitement, mais les Mar-
chands de liqueurs qui ont
leurs Chocolatieres tantôt
pleines tantôt presque vuides,
ne peuvent pas garder tant de
mesures ; c'est pourquoy quelques-uns d'entre eux, y ajoûtent des jaunes d'œufs cruds
pour le mieux faire mousser,
ce qui le rend indigeste & degoutant.

Au reste comme la mousse
ne se fait qu'au dessus de la
liqueur, on à coutume de la
verser dans la chique à diverses reprises, & c'est pour cela
qu'il seroit incommode de
passer le baton du moulinet

dans le trou du couvercle, puifqu'il faudroit l'oter & le remettre à chaque reprife, outre que la Chocolatiere étant bouchée, l'air qui doit fervir à la generation de la mouffe, ne s'infinuë dans la liqueur en quantité fuffifante que dans un trop long efpace de temps.

J'ay dit que la precaution de boucher la Chocolatiere pendant qu'on mouffe le Chocolat, étoit auffi inutile qu'incommode, & j'ay eu raifon de l'advancer ; car il n'en eft pas du Chocolat comme du Thé & du Caffé, dont les parties volatiles fe diffipent tres-facilement, puifque celles du Chocolat font plus embaraffées dans fes par-

ties grasses, & qu'il est assés
probable d'ailleurs, que la plûpart des parties odorantes qui
s'exhalent des parfums, re-
tournent circulairement vers
leurs masse comme celles de
l'Aymant; puisqu'il n'y a point
de parfums qui ne subsiste un
temps tres-considerable, malgré la prodigieuse & continuelle dissipation de ses parties plus efficaces.

Il y a encore cette observation à faire, qu'on se sert
de la masse du moulinet pour
entrainer la mousse de la liqueur, à mesure qu'on la ver-
se dans la chique, ce qui doit
engager encore à ne point
embarasser son manche dans
le trou du couvercle.

Par toutes ces considera-

tions, je tiens que le couvercle des Chocolatieres ne doit
point être percé, & qu'elles
ne doivent être par consequent aucunement differentes des Caffetieres, dont le
Filtre sert utilement pour retenir le marc plus grossier du
Chocolat. Il seroit inutile
d'en donner encore une fois la
figure; mais je ne me dispenseray pas de donner icy celle
ces moulinets, avec les differentes cizelures qu'on y peut
faire.

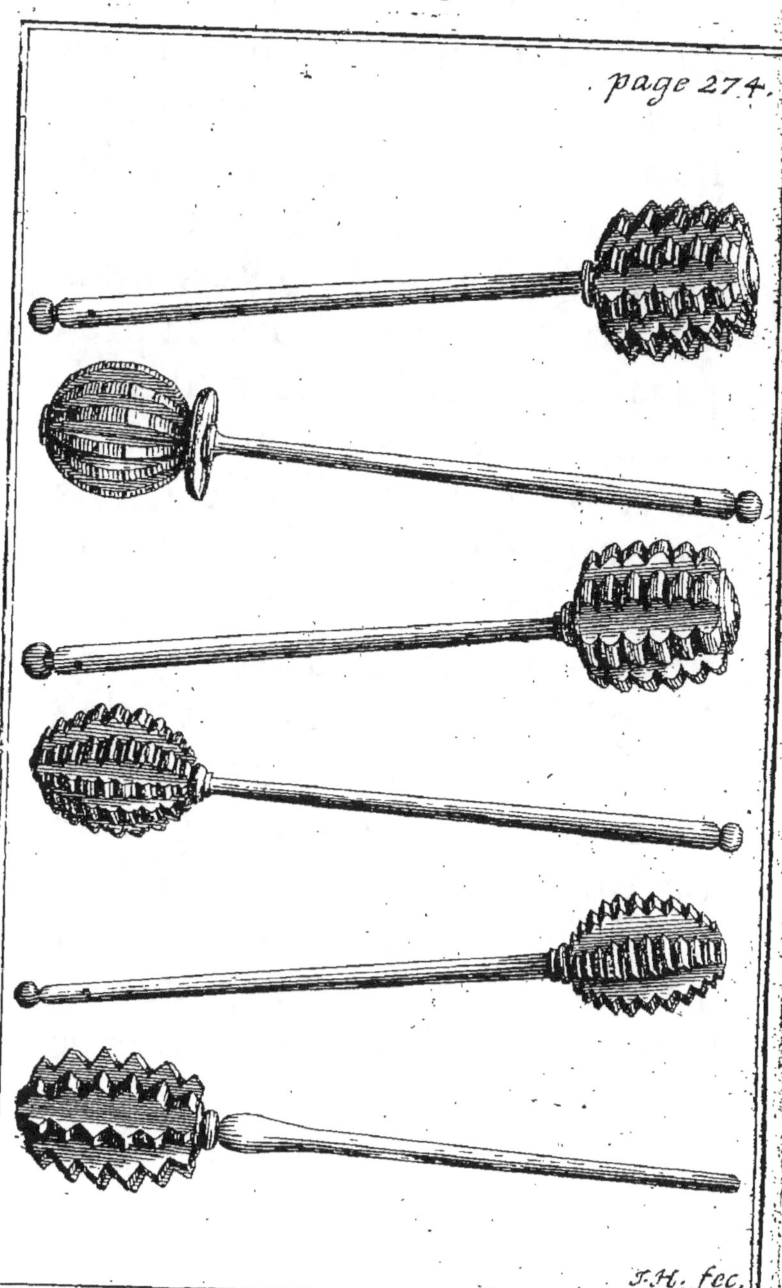

page 274.

J.H. fec.

Moulinets de diuerses formes pour faire mousser le Chocolat.

Au ſurplus le Chocolat des
Indiens ſe mouſſe beaucoup
plus facilement que le nôtre,
non ſeulement à cauſe de la farine de Mays qui entre dans la
compoſition de la pâte ; mais
encore parce que dans la preparation de ce brevage, ils pre-
ferent à l'eau commune, une
ſorte de boiſon uſuelle qu'ils
nomment Atolle, & qui eſt encore faite avec la même farine detrempée & cuitte dans de
l'eau ; mais il leur eſt aſſez
ordinaire d'ôter une partie de
cette mouſſe, ce qui degraiſſe
en quelque ſorte leur Chocolat, en quoy il ne ſeroit
peut-être pas inutile de les
imiter, puiſque le Breuvage
de Chocolat ne ſauroit être
trop maigre n'y trop liquide;

& c'eſt par cette raiſon que
j'ay ordonné pour chaque
priſe une doſe de pâte beaucoup moindre , que celle qui
a été preſcritte par tous les
Auteurs qui m'ont precedé,
& que celle même qui eſt de
l'uſage le plus ordinaire.

Mais il ſeroit dangereux à
l'exemple de quelques In-
diens, de preparer à froid le
breuvage du Chocolat , &
encore plus de le faire à la
glace à l'imitation des Italiens, puiſque de la ſorte, il
eſt capable de ruiner en peu
de temps l'Eſtomach le plus
chaud , & d'amortir le plus
fort levain digeſtif.

Au contraire on peut s'aſſu-
rer que le Chocolat clair, degraiſſé, preparé avec le Sirop

de vanilles , & bû par gor-
gées autant chaud qu'il est
possible, ne peut jamais être
nuisible ; puis qu'avec un
Estomach tres-foible on en
peut faire un fort gand usage , sans craindre d'en ressentir aucune incommodité , ce
qui est journellement experimenté, par les personnes mêmes qui sont atteintes, de toutes ces espéces de maladies
qui dependent de l'indigestion.

Il y a encore cette notable
difference, entre le Chocolat
degraissé & le Chocolat commun , que le premier n'a aucunes parties qui puissent
boucher les pores ny obstruer
les vaisseaux , au lieu que
la graisse musilagineuse du

dernier, doit necessairement faire des obstructions & empêcher la transpiration, d'où vient qu'il cause une repletion incommode, dans presque tous ceux qui font naturellement gras ou qui font disposés a le devenir.

C'est peut estre par cette raison, que certains Casuistes soûtiennent qu'il rompt le jeûne, mais si le Cardinal Brancacio qui étoit d'une opinion contraire, assure dans une dissertation qu'il a faite exprés, qu'une tasse de Chocolat ne tire à cét égard à aucune consequence, pourveu qu'elle soit prise par une espéce de necessité, & non pas à dessein de se soustraire à l'obeissance qu'on doit à l'E-

glife, il auroit trouvé de
de bien plus fortes preuves
de cette vérité en faveur du
Chocolat degraiſſé, car outre
qu'il ne tient pas plus de l'a-
liment que du remede, la boiſſon qu'on en fait n'ayant que
tres- peu de parties graſſes
& materielles, ne doit être
conſiderée au plus que comme le vin, la bierre, & les autres boiſſons uſuelles, dont
l'Egliſe permet un uſage reſervé dans les heures d'abſtinence.

Aprés tout, ſi l'on pretend
qu'on ne doit employer la
pâte du Chocolat commun
que deux mois aprés qu'elle
eſt faite, pour n'être pas trop
graſſe & trop relachante, on
doit conclure de ce qui a été

cy devant obfervé, qu'il eft inutil d'apporter la même precaution à l'égard du Chocolat dégraiffé , puifque fi nouveau qu'il puiffe être, il eft deftitué de fa graiffe furabondante, & par confequent depoüillé de fes qualités nuifibles ; c'eft pourquoy on peut le manger en tablettes fans en craindre aucun inconvenient, & j'ay même obfervé qu'il fe conferve facilement dans fa bonté beaucoup plus long-temps que le Chocolat commun , ce qui le rend preferable pour ceux qui s'engagent à de longs voyages, ou qui le negotient en des pays éloignez.

On voit des gens qui boivent de l'eau peu avant que

de boire du Chocolat com-
mun, fondé fur cette fauſſe
opinion, que le Chocolat eſt de
la nature des alimens chauds
dont il eſt bon de prevenir les
meſchans effets par leurs op-
poſez, en quoy ils s'abuſent
d'autant plus, qu'au contraire
il ne peut cauſer que les effets
ordinaires des choſes les plus
froides & les plus indigeſtes:
mais au reſte cette mauvaiſe
precaution eſt encore plus
inutile dans l'uſage du Chocolat dégraiſſé, qui eſt un
aliment medicamenteux des
plus temperés & des plus temperans.

CHAPITRE VIII.

Des proprietés du Chocolat.

APrés avoir expliqué as-
sés clairement, la nature
& la bonne preparation du
Chocolat, je dois presumer
que les personnes intelligen-
tes, comprendront facilement
d'où dependent ses diverses
proprietés, aprés que je les
auray simplement deduites;
c'est pourquoy sans m'engager dans ce chapitre à faire
d'inutiles raisonnemens, j'ex-
poseray simplement les observations que je dois à l'experience, & je ne m'explique-
ray au plus, que sur l'usage
qu'on doit faire de cette
boisson

boisson dans chaque mala-
die.

Or étant pris avec le Sirop
de Vanilles à differentes heures du jour, & sur tout le soir
en se mettant au lict à la quantité de deux prises, il est d'un
effet également prompt & assuré, pour suspendre le mouvement immoderé de la ma-
tiere du Rheume & des fluxions de Poitrine, pour é-
mousser les parties salines &
irritantes de la serosité qui
excite la toux, pour éteindre
les inflâmations de la gorge
& de la pleure, pour calmer
les differentes causes des insomnies, & pour reparer la
fatigue des predicateurs, &
des autres personnes qui s'engagent frequemment à soû-

A a

tenir des actions publiques.

Preparé de la méme manie-
re, il est aussi d'un grand secours pour amortir la bile é-
panchée qui provoque les
vomissement, & qui fait les
coliques bilieuses, le *colera
morbus*, la diarrhée & la dif-
senterie.

C'est encore un remede
tres - efficace dans la Fiévre
éthique, je veux dire dans
cette secheresse de Poitrine
qui conduit à la pulmonie,
dans laquelle maladie on peut
encoré s'en servir tres-utile-
ment, pour en arrêter le progrez & pour en addoucir les
incommodités, sur tout si en
place d'eau on le prepare
avec le laît, qu'il faut écre-
mer au aucommencement de
son ébullition.

Si on le prepare avec le Sirop de coins, & qu'on y ad-
joûte quelque gouttes de
teinture d'or ou d'Essence
d'ambre, il remediera tres-
efficacement aux indigestions
& aux palpitations de cœur,
si bien que dans le besoin il
pourroit servir tout ensemble
d'une nourriture suffisante,
& d'un remede aux plus fami-
lieres indispositions.

Reste à dire qu'en faisant
cette boisson un peu plus claire qu'à l'ordinaire, & y mettant le Sirop de Caffé en
place de celuy de vanilles,
il aura presque toutes les proprietés que j'ay attribuées au
Caffé, ce qui ne peut être que
fort agreable & fort util, aux
personnes qui haissent le goût

A a ij

du Caffé, & qui se trouvent
neanmoins atteintes des indispositions ausquelles il convient.

CHAPITRE IX.

Du Sirop de Vanilles.

I'Avois seulement commu-
niqué à nos Artistes, le secret du Sirop de Vanilles, que
je ne voulois publier, qu'avec
les autres découvertes que je
reserve pour le Journal de
de Medecine, mais il a trop
de rapport avec ce traité, pour
que je l'en puisse raisonnablement detacher ; en voicy
la composition.

Mettés dans une pinte d'eau
boüillante une poignée de
fleurs de Borrache, autant

de celle de Bugloſſe, & une
dragme des ſels fixes & eſſen-
tiels de Cacao ; mettés en même temps apart dans une autre pinte d'eau boüillante,
deux poignées de fleurs de
pavot rouge, & une dragme
de teinture d'or ; laiſſés infuſer ces choſes à froid durant ſix heures , puis ayant
paſſé ces deux teintures par
la chauſſe claire , mettés les
dans une baſſine avec ſix livres de ſucre fin en poudre ;
faites boüillir ce mélange à
petit feu, & quand il ſera à my-
cuite, adjoûtés-y quinze bel-
les Vanilles pulveriſées ; obſervant de les étendre dans
toute la liqueur, en l'agitant
avec une ſpatule de bois ou
d'argent ; puis ayant encore

donné un quart de cuitte à
vôtre Sirop, clarifiez-le en
le paffant par la même chauffe, puis l'ayant remis dans
la baffine adjoûtés-y trois onces de Sirop d'œuillets, & le
cuifés jufqu'en confiftance.

On donne ce Sirop avec
beaucoup de fuccez pour a-
doucir & pour digerer la matiere du Rheume & des fluxions de poitrine, pour arrêter la toux, pour remedier
aux défaillances, pour calmer les efprits irrités, & pour
rectifier les mouvemens de-
pravés du fang.

Dans ces differentes occafions, on peut le prendre feul
à la quantité de deux ou trois
cuëillerées, mais dans les fiévres continuës & malignes, il

feroit mieux de mettre cette
dofe, dans quatre onces deau
de fleurs d'orange ou de Me-
liffe , de même que dans le
Rheume , & dans les fluxions
de poitrine, on doit comme
il a été dit, le mettre en place
de fucre dans le Chocolat dégraiffé.

Cette derniere façon de le
prendre fera auffi tres efficace dans les indigeftions, dans
les vomiffemens , dans les coliques , dans la diarrhée &
dans la diffenterie , mais com-
il eft des perfonnes qui ont
une averfion infurmontable
pour le Chocolat , il eft bon
de dire qu'on peut auffi le
prendre dans le Thé ou dans
le Caffé fimple , ou dans le
laict Caffeté , c'eft à dire dans

la teinture de Caffé tirée avee le laict.

Au surplus soit qu'on mette ce Sirop dans le Chocolat,
dans le Caffé, ou dans le Thé,
on peut s'affurer qu'il en augmente autant l'agréement
que les vertus : & par-deffus
tout cela , on peut fans fcrupule en rendre l'ufage auffi
familier, que celuy des meilleurs & des plus communs
alimens , ne pouvant caufer
aucune alteration nuifible, en
ceux mêmes qui joüiffent d'u-
ne parfaite fanté , à la difference de toutes les autres
chofes qui peuvent être con-
fiderées comme remedes.

CHA

CHAPITRE X.

Du Chocolat Anti verien.

QUoyque j'aye rangé le Chocolat ſous le genre des Cordiaux, & que la nature aye beſoin d'être fortifiée par ces ſortes de remedes, pour reſiſter à la malignité des venins, dont la matiere venerienne eſt une eſpéce, il ne faut pas croire neanmoins qu'il ſoit d'une conſequence eſſentielle, pour l'action du ſpecifique dont je vay parler, puiſque ſans rien perdre de ſa vertu, il pouroit être donné en forme d'Opiate, ou en toute autre conſiſtance, & qu'il n'a été incor-

poré dans cette pâte que pour
en faciliter l'usage: c'est pourquoy ce n'est pas icy le lieu
d'en faire la description, mais
ayant desja tant fait de bruit
sous le nom de chocolat anti-
venerien, je ne puis me dispen-
ser de donner au moins une
idée de sa nature, & quelques
regles pour son usage, afin que
ceux qui ayment le Chocolat,
& qui auront le malheur de se
trouver atteints de la plus universelle des maladies galantes,
y puissent trouver les éclair-
cissemens necessaires pour leur
consolation, & pour se tirer
de la peine qu'ils auroient à
comprendre, ce qu'on entend
par ce nom de Chocolat anti-
vénerien.

Or l'experience qui a mon-
tré que le mercure ou vif ar-

gent eſt un tres puiſſant remede contre cette maladie, a fait
connoître que ſon uſage eſt
egalement dangereux & difficile à ſupporter. Les Artiſtes experimentés attribuënt ſes pro-
prietez à ſa crudité|& ſes mau-
vaiſes qualitez à ſa propre nature. Côme celuy qu'on tire du
plomb & de l'étain, leur perſua-
de qu'il eſt la ſemence au moins
de la plûpart des metaux, la
diverſe conſiſtance de ces metaux, leur fait conclure à
bon droit, qu'étant capable
d'une parfaite digeſtion, il
doit être la propre matiere de
l'Or, qui eſt tres maleable,
qui eſt fort peſant, & qui eſt
ſi analogique avec luy, qu'ils
s'uniſſent naturellement en
ſembles, toutes les fois qu'ils

sont approchés par une | me-
diocre distance.

Ces considerations me firent
préjuger autrefois, que l'Or
contenoit en luy un mercure
si parfait & si excellent, qu'il
pouvoit avoir toutes les vertus du mercure vulgaire sans
en avoir les deffauts. Dans
cette pensée je m'attachay à
travailler sur la marcassite ou
mine d'or, & je le fis avec de
succés, que je trouvay la preparation du plus excellent
anti-venerien qu'on puisse
jamais inventer, puisqu'il guerit radicalement la maladie
que j'ay ditte en un mois ou
environ, & que son vsage est
si facile & si innocent qu'il
agit pendant le sommeil, qu'il
ne donne aucune émotion in-

commode, & qu'on pourroit
en user sans inconvenient
beaucoup au delà de la cure.

Pour en tirer le bon éffêt
que je viens de dire : je fais
donner le premier jour au malade, une prise de l'extrait purgatif de nos Artistes, & trois
heures apres un boüillon, ou
un démy verre de vin blanc,
sans observer d'ailleurs pour
ce jour, n'y même pour tout
les temps de la cure, aucun autre regime universel, que celuy de ne point trop charger
son estomach ny en dinant ny
en soupant, & d'eviter l'usage coutumier ou excessif, du
veau, du porc, du poisson, de
de la patisserie, des fruits, &
des legumes.

Ie dis expres l'usage exces-

sif, ou coutumier ; car en quelques rencontres, une petite
quantité de ces choses ne peut
tirer à nulle consequence, sur
tout en ceux qui digerent
bien : on peut même sans
scrupule boire du vin aux repas suivant l'habitude ordinaire, mais aux autres heures
du jour, ou doit preferer les
eaux mineralles de sainte
Reine, ou une tizanne preparée avec le polipode, & le
bois de geniévre ; observant
d'user seulement de l'une, ou
de l'autre de ces boissons, le
deuxieme jour de la cure sans
faire aucun autre remede.

Le troisiéme jour je fais reïterer le même purgatif avec
le même ordre : & le quatrie-
je fais donner au malade le

foir en fe couchant , & au moins deux bonnes heures apres avoir foupé une tablette du Chocolat anti-venerien, & je luy fais boire incontinent apres la quatrieme partie d'un demy feptier , ou de vin de Bourgogne, ou de vin d'Ef-pagne , ou de vin mufcat, ou d'Hypocras ou d'eau clairette fuivant le gouft , ou felon que ces chofes fe trouvent plus commodement ou plus diffi-cilement.

Apres cela l'ayant fait cou-cher dans un lit baffiné , & luy ayant humecté toute la peau, avec l'efprit de vin com-pofé de nos Artiftes , je luy fais mettre une bouteille plei-d'eau chaude à la plante des pieds , & quelquefois encor

B b iiij

deux autres sous les aisselles, &
l'ayant fait couvrir une fois
plus que de coutume , je le
laisse en cét état attendre la
transpiration des humeurs,
qui dans les premiers jours, ne
va quelquefois guere plus loin
que la moiteur, mais qui n'est
pas long-temps sans passer à
une sueur copieuse.

Le cinquieme jour je repete
la même chose , le sixieme je
reviens aux purgatifs , les se-
ptieme & huitiéme je repete
encor ce que j'ay fais dans le
quatriéme & dans le cinquieme , enfin le neuvieme je donne de nouveau le purgatif, &
je continuë ainsi jusques à la
fin de la cure, a donner alter-
nativement deux jours du
specifique & un jour du pur

gatif, cette methode n'étant
variée que dans quelques occafions particulieres, dans lefquelles je dois m'accomoder
aux difpofitions extraordinai-
res des perfonnes que je
traite.

Refte à faire obferver, qu'encor que ces remedes puiffent
guerir radicalement la maladie dont il s'agit ; elle eft quelquefois accompagnée d'au-
tres efpeces de maladies galantes, par exemple des ulceres & des carnofités de l'ure-
tre , pour la guerifon defquelles on doit adjoûter à la cure
univerfelle, les remedes particuliers qui leurs conviennent;
de même que la carie des os
doit être corrigée par le fer
ou par le feu , fuivant les regles

de la Chirurgie, étant impof-
fible d'y remedier par quelque
autre moyen que ce foit , ny
même par la falivation mercu-
rielle , fi longue & fi violente
qu'elle puiffe être.

LE BON USAGE
DU THE', DU CAFFE'
ET DU CHOCOLAT.

QUATRIESME PARTIE.

CONTENANT L'EXPLICATION des Figures comprises dans les parties precedentes, & quelques remarques sur des singularitez de nouvelles invention relatives au mesme sujet.

CHAPITRE PREMIER.

Des Figures de la premiere partie.

POUR traicter mon sujet aussi parfaitement qu'il étoit a souhaitter, j'ay dû supposer un Lecteur également curieux & ignorant de tout ce qui en peut faire partie, & m'impofer la neceffité de le fatisfaire fans aucune referve, mais n'àyant pû fuivre ma refolution, fans traicter de diverfes chofes, qui paraîtront fort trivialles à un grand nombre de perfonnes, j'ay penfé que je devois m'en expliquer d'une maniere tres abregée, dans les traitez particuliers que je viens de donner, & en feparer même l'explication des Figures, pour ne pas fatiquer ceux qui ne cherchent que de nouvelles obfervations, ce qui a donné lieu à cette quatriéme partie, qui aura fon utilité pour quelques gens, & qui ne fera point à charge aux autres.

Or dans la premiere plan-
che de la premiere partie qui
est à la page 11. j'ay fait reprefenter la plante du Thé,
feulement au nombre de deux
tiges pour ne point confondre
l'objet, étant d'ailleur facil-
le d'en imaginer tout un
champ difpofé comme ceux
de nos feves. On voit prés de
ces tiges un Indien qui cueille
les fueilles de Thé l'une apres
l'autre, & qui les amaffe dans
un petit panier qui eft à fes
pieds, ce qui paroît dans un
trop grand éloignement, pour
avoir pû mieux reprefenter
la denteleure de ces fueïlles.

Au devant du champ où ces
tiges ont été placées, j'ay fait
voir un Parquet fur lequel eft

un carreau, où est assis un Indien de consideration , tenant
à la main une chique de Por-
celeine remplie de Thé , en
sorte que le Poulce soutient le
dessous de la Chique, en ap-
puyant sur le cercle qui luy
sert de pied , & les doigts in-
dices & du milieu, les bords de
la Chique qui doivent étre
receus par les leures, & qui ne
sont jamais trop chauds pour
cela , ce qui fait qu'ils ne brû-
lent point les doigts , non plus
que le cercle de dessous , au
lieu qu'on ne pourroit prendre la Chique par tout autre
endroit sans se brûler, lors que
le Thé y a été mis bouïllant,
outre qu'il seroit difficille de
la tenir d'une façon mieux

seante & plus commode.

Quand à la deuxieme plan-
che de la même partie étant
à la page 34. elle represente à
la premiere Figure la forme
des pots à Thé, qu'on fait
faire en Europe de la grandeur que l'on veut, de vermeil
doré, d'argent ou d'étain. La
deuxiéme fait voir un des
pots de la Chine de terre fi-
zelée simple, enfin les 3. 4.
& 5. representent trois differens pots de terre la même
montez sur des lampes à
consolles de Leton doré,
ou seulement plané & bru-
ny, que j'ay inventées
pour l'ornement & pour la
commodité, ny ayant rien de
plus propre sur des cabinets
& sur des cheminées, & le Thé

pouvant être fait tres agrea-
blement sur la table même où
l'on mange, ou en tout autre
endroit que l'on veut, au
moyen d'une meche imbibée
d'Esprit de vin, qu'on met
dans la fiole de la lampe.

CHAPITRE II.

Des figures de la seconde Partie.

LA planche qui est à la
page 86. represente la
tige de la plante du Caffé,
encore chargé de son fruit
entier, au bas de laquelle j'ay
encore fait representer la
graine depoüillée de son écof-
fe, & divisée par fèves distin-
ctes, à la diference de celles
qui sont encore dans leurs

écoſſes ; car elles y ſont au
nombre de deux , jointes du
côté où eſt une eſpece de fen-
te ; & où elles ont une ſorte
de face applattie , au moyen
de laquelle êtant jointes , &
renfermées dans leurs écoſſes , elles ont la forme qu'on
voit en regardant la tige.

Je dois dire icy par occa-
ſion que pendant l'impreſſion
de ce livre , le prix du Caffé
en graine s'eſt tellement aug-
menté , qu'il s'eſt vendu en
gros juſqu'a trente cinq ſols
la livre , en ſorte qu'il ſe
vendra pendant le cours de
l'Hiver prochain , au moins
quarante ſols , & par conſéquent un écu en poudre , ſur
quoy même les Marchands
fidels , ne pourront trou-

C c

qu'un tres mediocre profit.

La deuxiéme planche qui est à la page 149. fait voir à la premiere figure, une caffetiere montée sur un fourneau qui luy est approprié, & au moyen duquel on prepare le Caffé à la vapeur de l'Esprit de vin, le fourneau ayant dans son fond une lampe a trois meches qu'on voit à la deuxiéme figure, & dans laquelle on met l'Esprit de vin, pour servir à l'entretien de la flamme des meches.

La troisiéme figure represente un éteignoir qu'on met sur la lampe, pour éteindre les meches lors que le Caffé est preparé.

Ces sortes de Caffetieres à fourneaux peuvent être de

quelque utilité , mais il s'y
trouve neanmoins beaucoup
de chofes à redire, car en premier lieu elles ne peuvent être
portées fans quelque incommodité, par cette raifon qu'elles ont trop de volume, & que
la Caffetiere fe fepare trop facilement d'avec le fourneau.
En deuxiéme lieu, parce que
les trois mêches font un fi
grand feu, que tres fouvent il
fond la foudeure & l'étamure
même du fer blanc. Et en
troifiéme lieu, parce que le
reftant de l'efprit de vin ne
peut être laiffé dans la lampe
fans être répandu , & que
neanmoins il n'en peut être
retiré pour eftre mis dans un
autre vaiffeau fans peine &
fans embarras.

Ces considerations m'ont porté à inventer la Caffetiere por-
traive qui est figurée à la page
151. & qui est d'autant plus com
mode, qu'étant fermée comme
on la voit à la premiere figure
de la planche, elle n'a au plus
que quatre pouces de haut &
deux de diamettre ; quoy
que dans cét état elle
comprenne le fourneau , la
lampe, l'esprit de vin, le vase
à faire la boisson , la poudre
de Caffé, le Sucre, la cuillere,
un fusil , une bougie , deux
tasses & deux soucoupes , ce
qui n'auroit pû être representé par parcelles , mais j'ay crû
que je devois du moins faire
representer cette caffetiére ,
telle qu'elle est disposée lors
qu'on prépare le Caffé , &

c'eſt ce qu'on voit a la deuxiéme Figure, en laquelle j'ay
fait paroître le manche ouvert
c'eſt à dire en état de ſervir,
au lieu que dans la premiere
il eſt ployé d'une maniere
propre, à ne pas empêcher que
la machine ne ſoit miſe commodement dans la poche.

Il eſt à remarquer que la
Lampe eſt tellement diſpoſée
quelle contient l'Eſprit de vin,
ſans qu'il s'en puiſſe repen-
dre une ſeule goute dans quelque agitation que ce ſoit.

Nos Artiſtes ont de ces
machines de differentes Eſtof-
fes, entre leſquelles il y en a
d'un prix modique, mais qui
ne laiſſent pas d'eſtre tres
propres.

Au ſurplus j'ay dit que

cette Caffetiére n'étoit qu'u-
ne legere idée d'une nouvelle machine beaucoup plus
complette, & en effet on n'aura pas de peine à en demeurer
d'accord, lors qu'on aura leu
ce que nos Artistes en ont dit
dans la liste de leurs Marchan-
dises, qu'ils m'ont prié de
placer à la fin de ce Livre.

Quand à la Planche qui
est à la page 155. outre qu'elle exprime suffisamment ce
dont il s'agit, elle est prece-
dée en quelque forte de son
explication, à cause de ce
qu'on a dû dire en cet endroit,
touchant la Caffetiére representée par la premiere figure.

Il en est presque de même
de la figure qui est à la page 162. car tout ce que j'en

puis dire icy, est que le corps
de ce Fourneau est de terre
cuitte, & que le dessus peut
être de la matiere même des
Caffetieres, c'est-à-dire de
cuivre ou d'argent; car quand
à la Lampe sa forme est assez
indifferente pourvû qu'elle
ait trois mêches, qui répon-
dent chacune vers le milieu
du fond de chaque Caffe-
tiere.

Pour ce qui est de la Planche qui est à la page 168. je
dois dire que la premiere Figure represente un cabaret à
Caffé, qui ne sçauroit être
bien seant sans être d'argent,
& que celuy de la deuxiéme
figure, est ordinairement de
veritable lachinage; mais que
néanmoins nos Ebenistes en

font de façon de la Chine, qui
ne laissent pas d'être tres propres & tres honnestes, & qui
font comme les veritables
Chinois, ou carrez, comme
celuy dont je parle, ou Octo-
gones, ou ronds, ou de diverses autres formes.

CHAPITRE III.

Des figures de la troisiéme partie.

EN parcourant le traité du
Chocolat, qui fait le sujet
de la troisiéme partie de cét
Ouvrage ; on trouve à la page 103. une Figure qui represente le Cacavifere avec son
fruit entier ; mais qui ne de-
mande pour explication, que
ce qui en a esté dit dans le
Chapitre

chapitre deuxiéme de cette même partie, où il eſt particulierement traité du Cacao, c'eſt à dire des amandes renfermées dans ce fruit, & qui ſont la matiere principale du Chocolat.

Il en eſt ainſi de la figure qui eſt à la page 205. & qui repreſente les diverſes eſpeces de Cacao, car elle eſt immediatement ſuivie d'une ſuffiſante explication.

Quand à la figure qui eſt à la page 247. & qui repreſente un homme faiſant la pâte de Chocolat, il faut obſerver que les pieds qui ſoûtiennent la pierre, doivent être de fer, & qu'ils doivent faire corps avec le chaſſis de même matiere qui eſt marqué A & qui tient

D d

tout le carré de la pierre dans
le milieu de son épaisseur,
ce qui sert beaucoup à la
conserver, empêchant même
qu'elle ne soit s'y facilement
fenduë par la chaleur, au
reste la chaufrette marquée
B, peut être de terre ou de
fer, mais quand on fait le
Chocolat sur un plancher de
bois, il est mieux qu'elle soit
de terre, quoy qu'étant de
fer on pourroit mettre une
tuile au dessous. Il est à remarquer qu'elle doit être
mise sous la pierre, une
heure au moins avant que
de commencer le travail, afin
quelle soit chaude quand on
y mettra le Cacao, mais avec
cette observation, qu'il ne
faut d'abord qu'un brasier

peu ardent pour mieux conserver la pierre, qu'une chaleur trop forte & trop subite ne manqueroit pas de casser.

Reste à dire que les deux extremitez du rouleau sont beaucoup plus menuës que son milieu, qui doit avoir au moins la grosseur d'une forte torche, & qui doit être limé & poly, & enfin que ces mesmes extremitez reçoivent en forme d'Essieux deux poignées de bois, qui facilitent beaucoup le mouvement qui doit être donné au rouleau pour écraser le Cacao & le Sucre, & pour incorporer tous les ingrediens de la pâte.

Je viens maintenant au pressoir qui est representé à la page 253. & dans la forme du

D d　ij

quel on doit remarquer fon
écroüe marqué A, à l'extremité fuperieure duquel eft le
travers qui fert à le tourner;
pour ce qui eft de fon extremité inferieure, elle eft jointe au
carré ou table de bois qui fert
à preffer également la feüille
de deffus, celle de deffous é-
tant appuyée fur le fond du
preffoir, ainfi qu'on peut l'i-
maginer.

Il eft à remarquer que par
l'ufage de ce preffoir, non feulement on tire la graiffe furabondante du Cacao, à l'ayde
du papier gris qui s'en imbibe,
mais on confume même par la
chaleur, les parties mufilagineufes qui le rendent relachant & affoibliffant.

Aprés tout n'ayant rien à

dire fur les Moulinets qui font
figurez à la page 274. & où
leurs differentes formes font
aflez clairement exprimées, je
finirois cette troifiéme partie,
fi pour fatisfaire à la curiofité
de quelques perfonnes, je ne
me trouvois obligé à déduire
dans le Chapitre fuivant, les
Marchandifes à la difpenfation defquelles nos Artiftes
font particuliérement occu-
pez.

CHAPITRE IV.

Des Marchandifes qui font actuel-
lement difpenfées par les Artiftes
du Laboratoire Royal des qua-
tre Nations.

A l'occafion des exercices
que j'ay l'honneur de di-

riger ſous les ordres de Monſieur le premier Medecin du
Roy, concernant la recherche
& Verification des nouvelles
découvertes de Medecine, les
Artiſtes que j'employe à cét
effet s'occupent encore autant
utilement pour le public que
pour eux-mêmes, à la diſpen-
ſation des Remédes, Inſtrumens & Machines, dont on va
voir le dénombrement.

La Teinture cordiale ou
Or potable, & la poudre
Diaphoretique d'or.

La Pierre infernale, la Teinture & le Vitriol de Lune,
ou Argent.

Le Sel, les fleurs & le Ma-
giſtere de Zink, d'Etain & de
Biſmuth, ou Eſtain de glace.

Le Sel, le Magiftere, le Baume & l'Efprit ardent de Saturne ou plomb.

Les Criftaux & l'Efprit de Venus, ou Cuivre.

Le Crocus aftringent , le Crocus aperitif, la Teinture, l'Extrait & le Sel de Mars, Fer ou Acier.

Le Sublimé doux, le Precipité blanc, le Precipité rouge, le Precipité jaune ou Turbit mineral, & l'Huile de Mercure ou argent vif, & generalement toutes les preparations Chimiques des Metaux & Marcafites.

Le Regule, le Soulfre doré, le Crocus, le Verre, le Diaphoretique, les Fleurs, le Cinabre, l'Algaroth, le Bezoard, & l'Huile ou Beure d'Antimoine.

Le Magistere, le Sel & la Teinture de Corail.

Le Cristal mineral, le Sel Policreste, l'Eau forte, l'Esprit & le Sel Alkali du Nitre ou Salpestre.

L'eau Regale, les fleurs, l'Esprit volatile & l'Esprit fixe de Sel armoniac.

L'Eau Stiptique, la Pierre Medicamenteuse, le Gilla, le Sel & l'Esprit de Vitriol.

L'Eau & l'Esprit d'alun.

Les Fleurs, le Baume, le Sel, le Magistere & l'Esprit de Souphre.

L'Huile & le Sel volatile de succinum, Karabé ou Ambre jaune.

L'Essence d'ambre-gris, l'Huile de Briques ou des Philosophes, l'Esprit de Sel, & ge-

neralement toutes les preparations Philofophiques, concernant les Sels Mineraux & les
Bitumes.

La Refine de Jalap, la Refine de Scammonée, l'Extrait
d'aloës & l'extrait de Rhu-
barbe.

L'Huile & le Sel de Gayac.

L'Effence & l'Eau diftillée
de Canelle.

La Teinture, l'Extrait & le
Sel de Quinquina.

L'Effence de Geroflès, l'Huile de Mufcades, les Fleurs de
Storax, l'Huile de Mirrhe,
l'Huile & les fleurs de Benjoin.

L'Eau de Vie rectifiée, l'Eau
de Vie Theriacale. l'Efprit de
Vin rectifié, l'Efprit de Vin
Tartarifé, & l'Efprit de Vin
Camphoré.

L'Esprit de Sucre, le Vinaigre distilé, & l'Eau rouge de la Reine d'Hongrie ou Esprit de Vin composé.

L'Excellente Eau de la Reine d'Hongrie de Montpellier, & celle qui est preparée publiquement avec l'Esprit de Vin rectifié & les pures fleurs de Rosmarin.

L'Eau de Cordouë, l'Eau de fleurs d'Oranges, l'Eau de millefleurs, l'Eau d'Anges, & le Lait virginal.

La Cresme, la Teinture, le Magistere, le Sel Volatile & le Sel Emetique de Tartre.

Les Pierres à Cauteres.

Le Laudanum ou extrait d'Opium.

L'Huile & le Sel de Tabac.

L'Huile & l'Esprit de Therebentine.

L'Huile de Camphre.

L'Huile & l'Esprit de gomme Ammoniac.

Le Sel & l'Eau diſtilée d'Ozeille, d'Abſinthe, de Cochlearia, de Creſſon, de Meliſſe, de Mirthe, de Roſes, de Lavande, de Courges, de Melons, de Citrons, de Fraiſes, de Noix, de Piſſenly, d'Aigremoine, de Menthe, de Serpolet, de Scordium, d'Alkequange, de Veronique, de Chelidoine, de Laituës, de Fenoüil, de Pavots, de Primevere, d'Argentine, de Nenuphar, de Chicorée, de Reyne des prez, de Tilleüil, de Cerfeüil, de Pourpier, de Melilot, de Bourache, de Rhuë, de Quintefeüille, de Muguet, de Centaurée, de Scabieuſe, de Scorçonnere, d'Houblon, d'Ar

moise, de Sabine, de Rosmarin,
de Geniévre, de Persicaire, de
Lis, de Sureau, de Thim, de
Sauge, de Consolides, de Pa-
rietaire, de Soucy, de Fume-
terre, de Buglosse, de Plantain
de Chardon beny, de Mille-
pertuis, &c.

L'Essence, de Rosmarin, de
Sabine, de Rhuë, de Sauge,
de Sariette, d'Anis, de Fenoüil,
de Fleurs d'Oranges, de Jas-
min, de Tubereuses, de Geniévre, &c. Et generalement
toutes les preparations Spagi-
riques qu se font sur les diverses parties des plantes.

La Poudre, l'Axunge, l'Esprit Sudorifique & le Sel vôla-
tile de Viperes.

L'Esprit & le Sel volatile de
Crapaux, de Corne de Cerf &
d'urine.

Les Eaux diftillées de Tefte de Cerf, & de Sperme de Grenoüilles.

L'Efprit de Miel, l'Huile de Cire, & generalement les Remedesqui fe tirent des animaux entiers ou de leurs parties.

L'eau de pluye, l'eau de neige, l'Eau de rofée de May, & generallement les Eaux qui fe tirent des Méteores.

Le Sirop d'œillets, le Sirop de Grenades, le Sirop de Corail, le Sirop de Canelle, le Sirop Magiftral, le Sirop de Kermes, le Sirop de Fleurs d'Oranges.

Le Sirop de Capillaires de Paris, de Montpellier & de Canada.

Les Tablettes de Guymauves, & les Tablettes d'Acier.

La conserve de Roses, la conserve de fleurs d'Oranges, la conserve de Violettes, la conserve d'Ache , & la conserve de Kinorhodon ou Grattecul.

La Confection d'Hyacinthe & la Confection d'Alkermes, simples ou ambrées.

Les Pillules perpetuelles, les Pilules d'aloës, Ante cibum ou de Franfort, les Pilules de Mercure & les Pilules Catholiques.

Le Sucre d'Orge & les Sucs de Reglisse, de Blois & d'Alençon.

L'Orvietan Original d'Italie, & la Theriaque de Paris, de Venise & de Montpelier.

Les Trochisques, les Huiles, les Baumes, les Emplastres, les Ceroüennes , les Onguents les Cerats, & generalement tous les Remedes de la Pharmacie ordinaire.

Le Sirop de Vanilles qui se met dans le Chocolat en place de Sucre pour en augmenter l'agrément, & qui est d'un effet merveilleux dans les rhumes & dans les fluxions de poitrine.

Le Sirop de Caffé qui se met pareillement dans le Caffé, pour en augmenter l'agrément & les vertus.

Le Sirop de Thé simple, dont ont fait le mesme usage à l'égard de la boisson de Thé, & le Sirop de Thé Febrifuge, qui guerit en tres peu de jours & de prises, toutes les especes de Fiévres d'accez.

Les Remedes du Roy com-

muniquez par feu Monsieur le
Prieur de Cabriere, & divers
autres remedes experimentez
pour la guerison des Hernies
ou Descentes.

L'Eau, les grains & les parfums Hysteriques,& divers autres Specifiques contre les Vapeurs, les Suffocations, les
Retentions, les pertes blanches, & les autres maladies de
la Matrice.

Le Chocolat degraissé, le
Caffé Volatile, & le Thé en
conserve.

Le Baume blanc de Judée.
Le Verjus & le Fiel de Bœuf
preparez.

La Pâte d'Amande, la Crême
de Perles, l'Eau de Secondine,
l'Eau de Fraises, l'Eau & la
Pomade Cosmetique, & diver-

ses

ſes autres preparations pour corriger le vices de la peau, du Viſage & des mains.

Le Baume Apoplectique ou Parfum d'Angleterre.

L'Eſſence Vegetale, & divers autres remedes pour arreſter la douleur & la Carie des dents.

L'Opiatte de Corail, la Pomade rouge, & divers autres remedes pour les vices des Dents & des Lévres.

Le Baume vert de Monſieur de Blegny, l'Eau Phagedenique, le Baume du Perou, l'Eau d'Arquebuſades, le Colire de Lanfrant, & pluſieurs autres Topiques tres efficaces, pour Cicatriſer les playes & les Ulceres.

L'Eau Ophtalmique, l'Onguent oculaire, la Tutie pre-

parée, & divers autres remedes côtre les maladies des yeux.

L'Opiate Antivenerien, les Bougies, l'Injection amortis-sante, l'Onguent Cicatrisatif, & generalement les plus promts, les plus faciles & les plus assu-rez Specifiques contre les Ma-ladies Veneriennes.

L'Huile de Palmes, & l'Em-plaftre contre les douleurs des Rhumatismes & de la Goutte.

La Pomade contre les Hemorrhoïdes.

L'Onguent infaillible contre la Teigne.

Les Grains purificatifs du sang.

La Poudre Cephalique, l'Opiate vomitive, & divers autres Remedes contre la Migraine, & toutes autres douleurs de teste.

Les Caffolettes Royales à Lampe & à Girandolles, fervant à parfumer & à des-infecter les Chambres pour le plaifir & pour la fanté, tres commodement & à tres peu de frais, fans aucune aparence de fumée, la vapeur qui s'en exhale étant imperceptible.

Le Lait Virginal d'Amarante, qui fortifie le Cœur & le Cerveau, & qui refifte à l'air infecté qui caufe la pefte, la petite verolle, la diffenterie & les autres maladies populaires & contagieufes, en la recevant en vapeur par la refpiration, au moyen des Caffolettes Royales.

Les Sels de Thé, de Caffé & de Cacao.

Le Cachou Ambré, & les Paftilles d'Efpagne pour la

bouche & pour les Parfums.

Toutes les especes de pots à Thé, de Caffetieres & de chocolatieres, nouvellement inventées par Monsieur de Blegny, pour preparer tres utilement le Thé, le Caffé & le Chocolat. avec le Livre nouvellement Imprimé par Privilege du Roy, qui enseigne le bon usage qu'on doit faire de ces boissons, & des utenciles qui servent à les preparer.

Le Thé de la Chine, la Fleur de Thé du Japon, & les Vanilles de Guatimala.

L'Ambre, le Musc & la Civette de la meilleure qualité.

Toutes sortes de Vases de Porcelaines, de Cristal, de racines & de bois veinez, pour prendre les Sirops & les autres boiſſons cy-devant ſpecifiées.

Diverſes pierres Medicamen-
teuſes pour preparer en tous
lieux & à peu de frais, toutes
ſortes d'Eaux minerales artifi-
cielles.

L'Eau digeſtive qui fortifie
le cœur & l'Eſtomach, & qui
rectifie les vices de la digeſtion.

Les Eaux diſtillées de Thé
& de Caffé.

La Machine admirable nou-
vellement inventée par Monſieur de Blegny, qui n'eſt
qu'auſſi grande & preſque auſſi
peſante qu'une mediocre mar-
mite, & dans laquelle neanmoins on peut preparer toutes
ſortes d'alimens & de ragouſts,
rôty, boüilly, friture, grillades,
patiſſeries, &c. auſſi bien que
toutes ſortes de remedes, même

les plus difficiles & les plus laborieux de la Chimie, sans bois ny charbon, sans sujettion ny embarras quelconques, à feu toûjours ègal, en moins de temps & à moins de dépens que toutes les operations & preparations qui se font à l'ordinaire ; servant en outre à rôtir la graine & à preparer la boisson de Caffé, sans permettre la dissipation d'aucune de ses parties volatilles, & rôtir & degraisser le Cacao pour la preparation du Chocolat : en un mot à tout ce qui peut demander du feu.

Le Tresor d'Esculape qui n'occupe que la quatriéme partie d'une poche ordinaire, & qui contient diverses boëtes & fioles, où sont renfermez tous

les Remedes qui peuvent servir aux occasions pressantes &
subites ; ce qui est d'une tres
grande utilité aux personnes
sujettes aux vapeurs, à celles
qui sont menacées d'Apoplexie
ou d'autres maladies promptes
& mortelles, à celles qui ont
quelque lieu de craindre les
venins ou poisons, & particulierement à celles qu'une ar-
dente charité conduit dans les
prisons & dans les maisons des
pauvres infirmes.

L'Orvietan Catholique, ou
antidote universel qui ne coute
presque rien, & qui survient
à toutes les maladies des pauvres gens & de leurs bestiaux.

L'Huile de Nicotianne & divers autres Specifiques contre
la sourdité & le tintement d'O-
reilles.

La Pomade Hemorrhoydale & divers autres topiques pour resoudre & pour adoucir les Hemorrhoïdes.

Les Bandages de la Manufacture Royale, à ressort brisez & à vis, montez suivant les observations de Monsieur de Blegny qui en est l'Inventeur, pour assurer la guerison des Hernies ou Descentes curables, & pour retenir les plus glissantes & les plus fortes, dans tous les differens mouvemens du corps.

Les Bandages & les Pessaires qui arrestent toutes especes de Descentes de Matrice.

La Poudre Cornachine, la Poudre Hydragogue, & plusieurs autres Specifiques singuliers contre les Hidropisies curables.

Les

Les Dragées purgatives &
les Maspains purgatifs.

Le Corail & les Yeux d'E-
crevisses preparez.

L'Eau d'Ognon, l'Eau de
Bellegarde, l'Eau Imperiale,
& les autres compositions plus
efficaces contre le gravier, les
pierres, les glaires, & generalement ce qui cause les coliques Nephretiques.

Le Diabotanum, & divers
autres Emplâtres pour resoudre & dissiper les Loupes.

Les Besicles à ressort pour
redresser les yeux bigles, & les
autres Instrumens, Machines
& Remedes Specifiques, pour
la preservation & pour la guerison de toutes les especes de
maladies curables, qui ont été
examinez & approuvez par

F f

les premiers & plus fameux
Medecins & Chirurgiens de
la Cour & de Paris ; ainsi qu'il
est justifié par les approbations
authentiques qu'ils ont accor-
dées à Monsieur de Blegny, &
qui sont incerées à l'entrée de
ses Livres , dont le Catalogue
ensuit.

L'Art de guerir les Mala-
dies Veneriennes , expliqué
par les principes de la Nature
& des Méchaniques. 3. Vo-
lumes in 12. qui se vendent
4 l. 10. s.

Les Recueils des Journaux
de Medecine, contenant toutes les nouvelles découvertes
des Medecins & Artistes de
ce siécle. 3. Vol. in 12.   6. l.

Le Remede Anglois, pu-

blié par ordre du Roy, avec
les obſervations de Monſieur
le premier Medecin de ſa Ma-
jeſté, 1. Vol, in 12.   1. l.

La Doctrine des Rapports
de Chirurgie, fondée ſur
les Maximes d'uſage, & ſur la
diſpoſition des Nouvelles Or-
donnances.   1. Vol. in 12.
1. l. 10. ſ.

Les Obſervations qui ont
eſté faites ſur les Aſtres depuis l'Invention des Lunettes
d'approche, avec les utilitez
qu'on en peut tirer pour la
pratique de la Medecine.
1. l. 10. ſ.

Diſſertation ſur un Re-
mede qui guerit la Maladie
Venerienne promptement, ſu-
rement & facilement.   15. ſ.

L'Hiſtoire Anatomique d'un

Enfant qui a eſté 25. ans dans le ventre de ſa mere, avec des des Refléxions qui en expliquent tous les Phœnomenes. 10. ſols.

L'Art de guerir les Hernies ou Deſcentes, avec la conſtruction l'uſage & les utilitez des Bandages à reſſort inventez par l'Autheur, un volume in 12. 1 l. 10 ſ.

Et quelques autres auſſi curieux.

Au reſte preſumant que les Curieux ſeront bien aiſe de trouver icy une plus ample deſcription des Caſſolettes Royales, que ce qui vient d'en être dit, j'ay crû qu'on trouveroit icy avec plaiſir, les reigles que j'ay données

pour le bon usage qu'on en
doit faire.

CHAPITRE V.

Des Caffolettes Royales, nouvel-
lement inventées par l'Au-
theur.

PEndant tout le cours de
la vie humaine, les actions
naturelles causent également
la dissipation des substances
spirituelles & corporelles ,
dont la reparation doit être
continuelle dans chaque personne pour sa conservation.
Les substances spirituelles
sont reparées par l'air que
nous respirons , & les corporelles par toutes les sortes d'a-
limens liquides & solides que

nous recevons par la bouche,
& que nous comprenons sous
le terme general de nourriture ; mais tout de même que
l'usage des mauvais alimens
nous determine à toutes especes de maladies, de même
aussi un air impregné de particules impures & contraires
à nôtre constitution, ne tend
que trop efficacement à la de-
struction de nôtre santé : c'est
pourquoy lors que nous sommes libres sur le choix des
alimens, nous preferons naturellement les plus sains & les
plus conformes à nôtre tem-
peramment, & lors que nous
sommes abstraints à la necessité d'user sans distinction de
ceux qui nous font le plus contraires, nous nous efforçons

par differens moyens d'en corriger les plus méchantes qualités. La même chose se pratique à l'égard de l'air. On choi-
sit le meilleur quand on peut.
On corrige le mauvais autant
qu'il est possible, & il est tres
raisonnable d'en user ainsi ;
mais les moyens qui ont été
pratiqués jusques icy pour
cette rectification, sembloient
demander quelque rafinement
pour une juste œconomie &
pour une plus grande uti-
lité.

C'est pourquoy ayant été
penetré par les remontrances
de nos Artistes. Je me suis attaché à ce rafinement avec
tant de succez, que j'ay inventé un tres agreable moyen
pour parfumer les chambres

dans tous les differends be-
foins qu'on en peut avoir, &
cela fi commodement & à fi
peu de frais, qu'il feroit difficile de donner au public
une invention plus avanta-
geufe.

Ce moyen eft une petite lampe tres propre, ayant deux petites confoles qui foutiennent
un globule de criftal, dont
l'embouchure forme un tuyau
tres delicat, un peu courbé
dans fon milieu en forme d'an-
gle mouffe. La petiteffe de ce
globule n'empêche pas qu'il
ne contienne une quantité
confiderable de liqueur à caufe de fa forme ronde. C'eft
dans fa capacité que doit être
contenuë la liqueur qu'on
veut reduire en vapeur pour

parfumer les chambres , & il
suffit pour qu'elle y entre ,
qu'on chauffe un peu le globule , & qu'on mette enfuite
le bec dans la liqueur qu'on
y veut infinuër , car elle y eft
attirée naturellement par la
chaleur & par le vuide ; alors
ayant placé le globule fur le
cercle qui eft foûtenu par les
deux confoles , & mis dans la
lampe qui eft au deffous , un
peu d'efprit de vin & une petite mêche de coton , on allu-
me cette mêche , qui fans fe
confommer fait une petite
flamme tres agreable , au
moyen de laquelle le globule
étant échauffé , la liqueur
boüillonne & s'exhale par le
petit tuyau , d'où refulte une
vapeur continuelle , qui eft

prefque imperceptible, & qui
ne laiffe pas de parfumer toute la chambre.

On peut placer cette lampe
en tel endroit de la chambre
qu'on veut, du moins fi on en
excepte le deffous de la che-
minée, par le tuyau de laquelle
la vapeur s'exhaleroit. On
peut même le cacher dans un
recoin ou derriere un pilaftre
d'al-cove, obfervant feulement
que plus il eft bas placé, plus
l'air de la chambre fe trouve
également parfumé, le pro
de la vapeur étant de mon.
On peut auffi dans un même
lieu en mettre deux ou tel autre nombre que l'on veut, felon qu'il doit être plus ou
moins parfumé, quoy qu'un
feul foit fuffifant, pour ôter

toute la mauvaiſe odeur d'une
grande chambre , & pour la
remplir du parfum dont on a
fait choix.

Il eſt à remarquer, qu'en
empliſſant ſeulement les deux
tiers du globule de quelque
liqueur odoriferante que ce
ſoit, elle ne ſe trouve qu'à peine diſſipée en l'eſpace d'une
heure , pendant lequel il ne
s'uſe qu'à peine pour trois de-
niers d'eſprit de vin , ſi bien
que la liqueur odoriferante
ne pouvant valoir qu'à peu
prés autant , il arrive que pendant tout le temps qu'une Da-
me peut être à ſa toilette, ſa
chambre eſt tres-agreable-
ment parfumée, ſeulement en
faiſant au plus un ſol de de-
penſe.

Ce qu'il y a en cela de commode, eft qu'on n'a pas la fu-
jettion d'obferver la confom-
mation de la liqueur, pour fe
mettre en peine d'éteindre la
Lampe lors que la globule pa-
roit vuide; car bien qu'il foit
tres mince, j'ay trouvé le moyen de le rendre propre à ré-
fifter au feu fans contenir aucune liqueur, pendant tout le
temps que l'on veut.

Ces parfums ont encore cela
de plaifant, qu'on en peut faire placer autant qu'on veut
fur les branches des luftres de
cryftal, ou de toutes autres efpeces de Girandolles & de
chandeliers à plaques, pour
parfumer les falles & les chambres, lors des bals, des balets,
ou des autres fêtes galantes,

car les lampes de ces Caſſolettes font du moins un auſſi
agreable effet que les bougies ; outre qu'on peut y en
mettre un tres grand nombre,
fans craindre qu'il faſſe à
beaucoup prés tant de fumée,
que la moindre paſtille miſe
dans une Caſſolette commune, ou que la moindre quantité d'eau odoriferante miſe
fur une pelle chaude, qui font
les deux façons ordinaires de
parfumer les chambres, & qui
sõt l'une & l'autre deffectueu-
ſes en cela, qu'elles conſom-
ment beaucoup de matiere en
peu de temps, & qu'il en exhale une vapeur ſi épaiſſe, qu'il
ne ſe peut qu'elle n'apporte un
grand dommage aux lits, aux
tapiſſeries & autres meubles.

Au surplus lorsqu'il ne s'a-
git que du plaisir , on peut
faire choix du parfum qu'on
ayme le mieux , la pastille même , & les autres parfums solides pouvant à cét effet être
dissous dans de l'esprit de vin,
ou dans telle autre liqueur
que l'on veut ; mais sans cela
on a assez d'autres liqueurs
odoriferantes , par exemple
l'eau-rose commune , l'eau de
roses muscades , l'eau de mille
fleurs, l'eau de fleurs d'oranges, l'eau de Cordouë , l'eau
d'Ange , &c. qui donnent un
parfum tres agreable, aussi bien
que le lait virginal de Benjoin, & la liqueur qui se trouve
dans ces especes de pots pour-
ris, qui sont composés avec les
fleurs les plus odoriferantes.

Outre ces liqueurs, le lait
virginal d'Amarante que je
fais preparer en nôtre Laboratoire, est d'une odeur tres suave & tres salubre, ayant la proprieté de fortifier le cerveau
& le cœur, & de resister puissamment à toutes especes de
mauvais air ; c'est pourquoy
il doit être preferé à toute autre liqueur odoriferante, lors
qu'en temps de peste, de pour-
pre, de petite verole, de diffenterie & de toute autre efpece de maladies contagieufes, il s'agit de rectifier un air
malin & veneneux, & de
s'oppofer à fon infinuation
dans la maffe du fang.

Il y a encore beaucoup d'autres indifpofitions dans lefquelles on peut tirer un tres

grand fecours de ces Caffolettes, en mettant dans les globu-
les certaines liqueurs conve-
nables, car ces liqueurs étant
receuës en fumée par la refpiration, elles s'infinuent directement dans les poulmons,
d'où elles font incontinant
portées au cœur, & enfuite
dans les vaiffeaux fanguinai-
res fans rien perdre de leur
vertu, ce qui les rend plus efficaces que fi elles avoient été
prifes par la bouche, puifqu'elles ne fçauroient foûte-
nir les digeftions & les filtra-
tions qui fe font dans les
voyes de la nourriture, fans
être confiderablement alte-
rées: c'eft pourquoy lors qu'on
voudra refifter à un affoupiffement incommode fans ufer

de

de Thé n'y de Caffé, on pourra mettre dans le globule l'eau
diftillée de l'une ou de l'autre
de ces boiffons, de même que
pour corriger une infomnie
on y pourra mettre l'eau de
pavot.

L'eau de ferpolet fervira
pour arrêter & pour digerer
les Rhûmes & catharres. L'o-
xicrat fait avec l'eau-rofe &
le vinaigre de faturne, fera
employé pour temperer les
fiévres ardentes & continuës.
L'eau rouge de la Reine
d'Hongrie arrêtera tres fouvent les fiévres intermittantes. L'eau ftyptique fera d'un
grand effet contre les hemor-
ragies du nez, contre les ex-
pectorations fanglantes, &
contre les pertes de fang de la

matrice. L'eau de muguet fervira beaucoup dans la migraine. L'eau hyfterique de nôtre
Laboratoire abaiffera prefque toutes les efpeces de vapeurs dans les deux fexes.
Nôtre eau de vie Theriacale
fera un grand remede contre
les défaillances & contre les
palpitations de cœur. L'eau
de limaçons aidera aux fonctions du foye. Les efprits de
cochlearia & de creffon refi-
fteront puiffamment à la malignité du fcorbut, & détrui-
ront efficacement, toutes efpeces de difpofitions mélancoliques & hypocondriaques.
L'eau d'oignons mêlée avec
un peu d'efprit de Therebentine, appaifera prefque toûjours la colique nephretique.

& pouſſera par les urines le gravier des reins, des ureter-res & de la veſſie. Les regles retenuës pourront être provo-quées par la ſeule vapeur de certaines Eaux aux femmes & filles dont on ſera afsûré. Les pertes blanches feront ſouvent abſorbées par les eſ-prits de *ſuccinum* & de There-bentine mêlés en portion éga-lé. L'eau alumineuſe abrege-ra de beaucoup l'accés de la goutte ; enfin les Medecins pourront aiſément pourvoir par ce moyen, à une infinité d'autres maladies ſimples & compliquées, par la vapeur d'une infinité d'autres eſpeces de liqueurs, qu'ils pourront preſcrire au beſoin, ſuivant les regles de l'Art, au moyen

G g ij

dequoy ils auront le plaisir de
les guerir pour la plûpart,
sans exciter les degoûts, les
horreurs & les troubles, qu'on
ne fait que trop souvent ressentir à la nature, en donnant
par la bouche les remedes qui
sont de l'usage ordinaire, ce
qui n'interrompt que trop souvent les mouvemens salubres
qui tendent à la guerison.

Au reste on doit dire que ces
Cassolettes ont été si agreable-
ment receuës du Roy & de
toute la Cour, quelles ont me-
rité a juste tiltre le surnom de
Royales, que j'ay crû leur
devoir donner.

F I N.

TABLE

DES CHAPITRES

contenus dans ce traité du Thé, du Caffé, & du Chocolat.

PREMIERE PARTIE,

Traitant de la nature, des proprietés, & de l'usage du Thé.

SECONDE PARTIE,

Traitant de la nature, des proprietés, & du bon usage du Caffé.

TROISIE'ME PARTIE,
Traitant de la nature, des proprietés, & du bon usage
du Chocolat.

DESPLACES.

n +v